装修全方位之专项能手系列

全彩支招
水电建材全能通

阳鸿钧　等编著

机械工业出版社

本书主要从服务现场、贴近实战的角度，讲述装修水电工需要掌握的水电建材，具体包括概述与通用材料、强电建材、弱电建材、水暖管建材等知识与技巧，希望本书能够为读者学会装饰材料的识别技巧、选购方法、操作要点提供帮助。本书以家装水电建材为主，其他装修领域建材为辅进行了介绍，从而使读者能够全面胜任学习、工作的需要。本书适合建筑水电工、弱电水电工、智能电工、装饰水电工、物业水电工以及其他电工、社会青年、业主、进城务工人员、设计师、建设单位相关人员、相关院校师生、培训学校师生、家装工程监理人员、灵活就业人员、新农村家装建设人员参考阅读。

图书在版编目（CIP）数据

全彩支招水电建材全能通 / 阳鸿钧等编著. —北京：机械工业出版社，2017.9（2019.3重印）
（装修全方位之专项能手系列）

ISBN 978-7-111-58017-1

Ⅰ.①全… Ⅱ.①阳… Ⅲ.①房屋建筑设备 – 给排水系统 – 装修材料 – 图解②房屋建筑设备 – 电气设备 – 装修材料 – 图解 Ⅳ.① TU82-64 ② TU85-64

中国版本图书馆 CIP 数据核字（2017）第 227983 号

机械工业出版社（北京市百万庄大街 22 号　邮政编码 100037）
策划编辑：张俊红　责任编辑：赵玲丽
责任校对：王明欣　封面设计：马精明
责任印制：常天培
印　　刷：北京华联印刷有限公司印刷
2019 年 3 月第 1 版第 2 次印刷
145mm×210mm · 5.75 印张 · 234 千字
标准书号：ISBN 978-7-111-58017-1
定价：35.00 元

前 言
Preface

本书主要从服务现场、贴近实战的角度，讲述装修水电工需要掌握的水电建材，从而满足读者的快学习，快入行，早胜任，少折腾等要求。

本书共4章，分别对通用材料、强电建材、弱电建材、水暖管建材等识别技巧、选购方法、操作要点等几方面进行了讲述，希望能够使读者轻松、简单、快速地学会水电建材有关知识、技法、经验。

其中，第1章主要介绍了建筑材料与装饰材料、水电材料、导电材料、绝缘材料概述、线缆材料等知识。

第2章主要介绍了电线电缆的概述、BVVB二芯铜芯护套线、RVB电线、电工套管概述、底盒、开关、插座概述等知识。

第3章主要介绍了有线电视线、网线、音箱线、电子开关概述、声光控延时开关、弱电箱等知识。

第4章 主要介绍了不锈钢管、PPR管、波纹管、排水管、接头、水管密封圈垫片、水龙头等知识。

本书特点如下：

1）实用为导向，不再脱离实际的盲学，具有学即用，用即学的特点。

2）图文并茂，使学手艺、学技术变得一学就会，一看就懂。

本书由阳许倩、阳鸿钧、许小菊、阳育杰、阳红珍、欧凤祥、阳苟妹、唐忠良、任亚俊、阳红艳、欧小宝、阳梅开、任俊杰、许秋菊、许满菊、单冬梅、许应菊、许四一、罗小伍、任志、唐许静等人员参加编写或支持工作。

本书编写过程中，还得到了其他同志的支持，在此表示感谢。本书涉及一些厂家的产品和有关标准规范，同样表示感谢。另外，本书在编写中参考了相关人士的相关技术资料，在此也向他们表示感谢。

另外需要补充说明的是，为了尽量与行业内广大读者的工作习惯保持一致，书中很多术语、单位都保持了行业通俗用语的表达习惯，这点请广大读者引起注意。

本书适合建筑水电工、弱电水电工、智能电工、装饰水电工、物业水电工以及其他电工、社会青年、业主、进城务工人员、设计师、建设单位相关人员、相关院校师生、培训学校师生、家装工程监理人员、灵活就业人员、新农村家装建设人员参考阅读。

由于时间有限，书中不足之处，敬请批评、指正。

编　者

目　录
Contents

前言

第 1 章　概述与通用材料——一学即用　　1

第 2 章　强电建材——一用即学　　17

概述与通用材料——一学即用

1.1 材料概述

材料是人类赖以生存和发展的物质基础。材料是人类用于制造物品、器件、构件、机器、其他产品的物质。材料是物质，但不是所有物质都可以称为材料。

材料除了具有重要性、普遍性以外，还具有多样性。

常见的材料分类如下：

（1）物理、化学属性

材料可以分为金属材料、无机非金属材料、高分子材料。

（2）用途

材料可以分为电子材料、航空航天材料、核材料、建筑材料、能源材料、生物材料等。

（3）部位

建筑材料可以分为内墙材料、外墙材料、顶棚材料、地面材料等。

另外，材料还可以分为结构材料、功能材料、传统材料、新型材料、生态建筑材料、保温材料、装饰材料等。

材料的分类如图1-1所示。

按物理性质
导电材料、绝缘材料、半导体材料、磁性材料、透光材料、高强度材料、高温材料、超硬材料等

按物理效应
压电材料、热电材料、铁电材料、非线性光学材料、磁光材料、电光材料、声光材料、激光材料等

按用途
耐酸材料、研磨材料、耐火材料、建筑材料、结构材料、电子材料、电工材料、光学材料、感光材料、包装材料等

图1-1 材料的分类

材料的物理性质如下：

（1）材料与质量有关的性质——密实度和孔隙率（密实度、孔隙率）、填充率与孔隙率（填充率、孔隙率）、不同构造状态下的密度（密度、表观密度、体积密度、堆积密度）等。

（2）材料与水有关的性质——抗冻性、耐水性、吸水性、吸湿性、亲水性、憎水性、抗渗性等。

（3）材料与热有关的性质——热容量、导热性等。

材料力学性质如下：

（1）强度——材料的强度、强度等级、比强度等。

（2）材料的变形性质——弹性、塑性、脆性、韧性

其中，弹性、塑性、脆性、韧性的概念如下：

脆性——材料在外力作用下，未发生显著变形而突然破坏的性质。

韧性——材料在冲击、振动荷载作用下，能承受较大的变形而不发生突发性破坏的性质。

弹性——材料在外力作用下产生变形。去掉外力后，变形能完全恢复的性质。

塑性——材料在外力作用下产生的变形。去掉外力后，材料仍保持变形后形状、尺寸的性质。

1.2 建筑材料与装饰材料概述

建筑材料是在建筑物中使用的材料统称，也就是土木工程和建筑工程中使用的材料的统称。建筑材料可分为结构材料、装饰材料、某些专用材料。结构材料包括木材、竹材、石材、水泥、混凝土、金属、砖瓦、陶瓷、玻璃、工程塑料、复合材料等；装饰材料包括各种涂料、油漆、镀层、贴面、各色瓷砖、具有特殊效果的玻璃等；专用材料指用于防水、防潮、防腐、防火、阻燃、隔音、隔热、保温、密封等。

新型的建筑材料包括保温材料、隔热材料、高强度材料、会呼吸的材料等。

建筑材料的分类如图1-2所示。

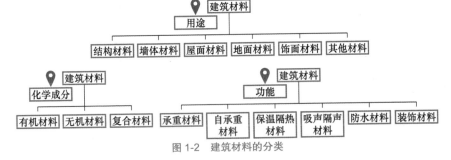

图1-2 建筑材料的分类

装饰材料又称为饰面材料，其是装修各类土木建筑物以提高其使用功能、美观，保护主体结构在各种环境因素下的稳定性、耐久性的建筑材料、制品。装饰材料主要包括草、木、石、砂、砖、石灰、玻璃、瓦、水泥、石膏、石棉、陶瓷、油漆涂料、纸、金属、塑料、织物等。

装饰材料可以分为室外材料、室内材料。室内材料，可以再分为石材、板材、片材、型材、线材等类型。实材也就是原材，主要是指原木及原木制成。装饰材料，根据主要用途，可以分为地面装饰材料、内墙装饰材料、外墙装饰材料。

1.3 水电材料

水电材料就是跟水、电的使用有关或者相关的材料。装修业，水电材料主要是指水电装修材料、水电建筑材料。

水电装修材料的类型如下：

（1）开关类——单开双控、单开单控、双开单控、双开双控等开关等。

（2）插座类——空调插座、电话插座、五孔插座、四孔插座等。

（3）灯具类——主灯、吸灯、射灯、壁灯、镜前灯、台灯、落地灯、床头灯等。

（4）电线类——电线、网线、电话线、单芯电线等。

（5）煤气类——球阀、镀锌外丝、镀锌管三通等。

（6）水路材料类——各类水龙头、PPR水管、毛巾架、台盆等。

（7）辅材——水平管、入盒接头锁扣、回丝、防水胶布、断路器、三角阀、各类地漏、弯钩等。

水电材料如图1-3所示。

图 1-3　水电材料

水电装修材料，也可以根据用电、用水类型，分为强电材料、弱电材料、水材料等。常见的电工材料如图1-4所示。

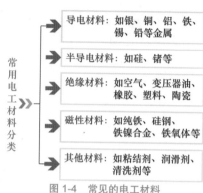

常
用
电
工
材
料
分
类

导电材料：如银、铜、铝、铁、锡、铅等金属

半导电材料：如硅、锗等

绝缘材料：如空气、变压器油、橡胶、塑料、陶瓷

磁性材料：如纯铁、硅钢、铁镍合金、铁氧体等

其他材料：如粘结剂、润滑剂、清洗剂等

图 1-4　常见的电工材料

家装水电装修材料，有相当一部分属于隐蔽工程材料，如图1-5所示。

水电改造一般采用暗装的方式，水电线路被埋在墙体内，属隐蔽工程

图 1-5　家装水电装修材料

1.4　导电材料综述

导电材料是水电材料中的一种主要材料。导电材料是能很好地传导电流的材料，也就是有大量在电场作用下能够自由移动的带电粒子的材料。导电材料包括导体材料、超导材料。电工领域，导电材料通常指电阻率为（1.5~10）×10^{-8}Ω·m 的金属。

导电材料的判断如图1-6所示。

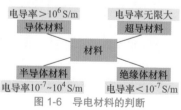

电导率>10^6S/m
导体材料

电导率无限大
超导材料

材料

半导体材料
电导率10^{-7}~10^4S/m

绝缘体材料
电导率<10^{-7}S/m

图 1-6　导电材料的判断

电阻率的计算公式如下：

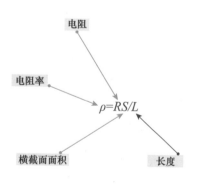

电阻

电阻率

$\rho = RS/L$

横截面面积

长度

常见材料的电阻率、导电率见表1-1。

表 1-1　常见材料的电阻率、导电率

物质，材料	电阻率 $\rho/(\Omega\cdot m)$	电导率 $\sigma/(S/m)$
金属		
Ag	1.59×10^{-8}	6.29×10^{7}
Cu	1.67×10^{-8}	5.99×10^{7}
Au	2.35×10^{-8}	4.26×10^{7}
Al	2.66×10^{-8}	3.76×10^{7}
W	5.65×10^{-8}	1.77×10^{7}
Fe	9.71×10^{-8}	1.03×10^{7}
物质，材料	电阻率 $\rho/(\Omega\cdot m)$	电导率 $\sigma/(S/m)$
绝缘体		
钻石	1×10^{14}	1×10^{14}
石英	3×10^{14}	3.3×10^{15}
钠钙玻璃	$10^{9}-10^{14}$	$10^{9}-10^{14}$
尼龙	$10^{10}-10^{13}$	$10^{10}-10^{13}$
天然橡胶	$10^{13}-10^{15}$	$10^{13}-10^{15}$
物质，材料	电阻率 $\rho/(\Omega\cdot m)$	电导率 $\sigma/(S/m)$
半导体		
Ge	0.46	2.17
Si	2.3×10^{3}	4.35×10^{-15}
GaAs	4×10^{6}	2.5×10^{-7}

导电材料主要功能是传输电能、电信号，以及用于电磁屏蔽、制造电极、电热材料、仪器外壳等。

常用导电材料如图 1-7 所示。导电材料常用技术要求如图 1-8 所示。

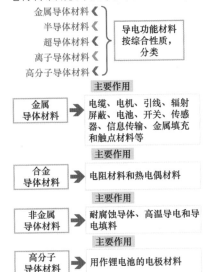

图 1-7　常用导电材料

图 1-8　导电材料常用技术要求

常用的金属导电材料，可以分为：金属元素、合金（铜合金、铝合金等）、复合金属、不以导电为主要功能的其他特殊用途的导电材料：

（1）金属元素——根据电导率大小排列为银（Ag）、铜（Cu）、金（Au）、铝（Al）、钼（Mo）、钨（W）、锌（Zn）、镍（Ni）、铁（Fe）、铂（Pt）、锡（Sn）、铅（Pb）等。常用的金属材料性能见表 1-2。

（2）合金——铜合金有：银铜、镉铜、铬铜、铍铜、锆铜等。铝合金有：铝镁硅、铝镁、铝镁铁、铝锆等。

（3）复合金属——根据加工方法分为，利用塑性加工进行复合、利用热扩散进行复合、利用镀层进行复合。

耐高温复合金属有铝复铁、铝黄铜复铜、镍包铜、镍包银等。

耐腐蚀复合金属有不锈钢复铜、银包铜、镀锡铜、镀银铜包钢等。

高机械强度的复合金属有铝包钢、钢铝电车线、铜包钢等。

高电导率复合金属有铜包铝、银复铝等。

高弹性复合金属有铜复铍、弹簧铜复铜等。

表 1-2 常用的金属材料性能

名称	电阻率 ρ（0°）/（$\times 10^{-4}\Omega\cdot m$）	抗拉强度/MPa	热导率 λ/（W/mK）	密度/（g/cm³）	线胀系数/（$10^{-6}/℃$）	抗氧化耐腐蚀（比较）	可焊性（比较）
金 Au	2.40	130~140	296.4	19.30	14.2	上	优
银 Ag	1.59	160~180	418.7	10.50	18.9	中	优
铜 Cu	1.69	200~220	396.4	8.9	16.6	上	优
铁 Fe	9.78	250~330	61.7	7.8	117	下	良
锡 Sn	11.4	1.5~2.7	64.6	7.30	20	中	优
铝 Al	4.77	70~80	222	2.7	23.1	中	中
铅 Pb	21.9	10~30	35	11.37	29.1	上	中
钨 W	5.48	1000~1200	159.9	19.30	29.1	上	差
镍 Ni	6.9	400~500	87.9	8.9	13.5	上	优
铂 Pt	10.5	140~160	71.2	21.45	8.9	上	优

注：最常用的三种金属导电材料：铜、铝、铁，主要用途是制造电线电缆。

（4）特殊功能导电材料——也就是不以导电为主要功能，而在电热、电磁、电光、电化学效应方面具有良好性能的一种导体材料。例如包括高电阻合金、电触头材料、电热材料、测温控温热电材料。其相当一部分是银、镉、钨、铂、钯等元素的合金，铁铬铝合金，碳化硅，石墨等材料。

导电材料的电特性主要用电阻率来表征。影响电阻率的因素有温度、杂质含量、冷变形、热处理等。其中，温度的影响，一般用导电材料电阻率的温度系数来表示。除接近熔点、超低温外，在一般温度范围，电阻率随温度变化呈线性关系。

金属导电材料的非电特性在一些特定的场合，反而更重要：

（1）电机、电缆、电气仪表、其他电工产品考虑温升时，需要考虑热导率——高电导率的金属也是高热导率的金属，纯金属的热导率比合金的热导率高。

（2）架空线中往往采用高抗张强度的导体、合金。

（3）接触电位差、温差电动势在温差电控温、测温元件、仪表中也很重要。

影响金属导电材料电阻率的因素如图 1-9 所示。

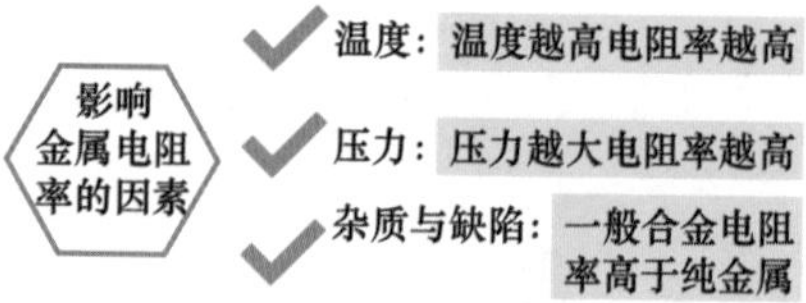

图 1-9 影响金属导电材料电阻率的因素

复合型高分子导电材料，一般由通用的高分子材料与各种导电性物质通过填充复合、表面复合、层积复合等方式制得。复合型高分子导电材料主要有导电塑料、导电橡胶、导电纤维织物、导电涂料、导电粘结剂、透明导电薄膜等。常用的导电填料有镍包石墨粉、镍包碳纤维炭黑、金属粉、金属箔片、金属纤维、碳纤维等。

一些导电橡胶的特点如下：

（1）玻璃镀银导电橡胶——具有最佳性价比。

（2）纯银导电橡胶——具有良好的防霉菌性。

（3）铝镀银导电橡胶——具有优

良的屏蔽性能、抗烟雾性能。

（4）铜镀银导电橡胶——具有最优良的导电性。

1.5　导电材料之铜概述

铜合金是以纯铜为基体加入一种或几种其他元素所构成的合金。纯铜呈紫红色。

纯铜密度为 $8.96g/cm^3$，熔点为 $1083℃$，具有优良的导电性、导热性、延展性、耐腐蚀性。纯铜主要用于制作发电机、母线、电缆、开关装置、变压器等电工器材、热交换器、管道、太阳能加热装置的平板集热器等。

纯铜与无氧铜的比较如图 1-10 所示。

> 纯铜电导率仅次于银。
> 纯铜热阻系数仅大于银和金。
> 导电用铜通常选用含铜量为 99.90% 的工业纯铜，特殊要求下，可选无氧铜或无磁性高纯铜。

类别	品种	代号	含铜量（%）不小于	主要用途
普通纯铜	一号铜	T1	99.95	用于各种电线、电缆用导体
	二号铜	T2	99.90	仪器或仪表开关中一般导电零件
无氧铜	一号无氧铜	Tu1	99.97	用于制作电真空器件、电子管和电子仪器用零件、耐高温导体微细丝、真空开关触点等
	二号无氧铜	Tu2	99.95	
无磁性高纯铜	—	Twc	99.95	用作无磁性漆包线的导体，制造精密仪器、仪表的动圈

图 1-10　纯铜与无氧铜的比较

影响铜性能的主要因素如图 1-11 所示。

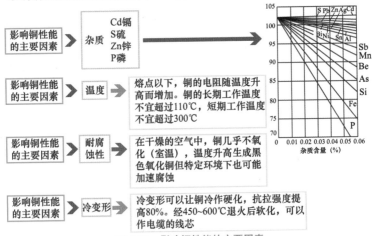

影响铜性能的主要因素 > 杂质	Cd镉 S硫 Zn锌 P磷
影响铜性能的主要因素 > 温度	熔点以下，铜的电阻随温度升高而增加。铜的长期工作温度不宜超过110℃，短期工作温度不宜超过300℃
影响铜性能的主要因素 > 耐腐蚀性	在干燥的空气中，铜几乎不氧化（室温），温度升高生成黑色氧化铜但特定环境下也可能加速腐蚀
影响铜性能的主要因素 > 冷变形	冷变形可以让铜冷作硬化，抗拉强度提高80%。经450~600℃退火后软化，可以作电缆的线芯

图 1-11　影响铜性能的主要因素

1.6 导电材料之铜合金

铜合金的分类如下：

（1）根据合金

根据合金系划分，可以分为非合金铜、合金铜。非合金铜包括高纯铜、韧铜、脱氧铜、无氧铜等。习惯上，将非合金铜称为纯铜、红铜。其他铜合金则属于合金铜。我国，常把合金铜分为黄铜、青铜、白铜，然后在该大类中划分小的合金系。

（2）根据功能

根据功能划分，铜合金分为：

有导电导热用铜合金——主要有非合金化铜、微合金化铜等。

弹性铜合金——主要有锑青铜、铝青铜、铍青铜、钛青铜等。

阻尼铜合金——主要有高锰铜合金等。

艺术铜合金——主要有纯铜、简单单铜、锡青铜、铝青铜、白铜等。

结构用铜合金——几乎包括所有铜合金。

耐腐蚀铜合金——主要有锡黄铜、铝黄铜、各种白铜、铝青铜、钛青铜等。

耐磨铜合金——主要有含铅、锡、铝、锰等元素复杂黄铜、铝青铜等。

易切削铜合金——主要有铜 - 铅、铜 - 碲、铜 - 锑等合金等。

（3）根据材料形成方法

根据材料形成方法，可以分为可为铸造铜合金、变形铜合金。通常变形铜合金可以用于铸造，而许多铸造铜合金却不能进行锻造、挤压、深冲、拉拔等变形加工。铸造铜合金、变形铜合金又可以分为铸造用纯铜、黄铜、青铜、白铜。

铜合金的特点如图 1-12 所示。

铜合金品种有银铜、铬铜、镉铜、锆铜、铍铜、钛铜以及镍铜类。

纯铜无法满足，常需要合金铜来代替纯铜，但其电导率比纯铜稍有降低

要求具有良好的导电性能外，还要求有较高的机械强度、弹性和韧性。有的要求在工作环境温度变化的情况下具有一定的稳定性

名称	含量	性能	主要用途
银铜合金	0.1%~0.2%	改变其软化温度和抗蠕变性能对电导率影响极微，导电性能最好，接触电阻小，良好的导热性硬度和耐磨性、抗氧化性、耐腐蚀性能也较好	换向器片、电机绕组、导线、引线
铬铜合金	0.5%~0.8%	较高温度（< 400℃），具有较高的硬度和强度，经过时效硬化处理后，其导电性、导热性、强度、硬度均显著提高；缺点是在缺口处或尖角处容易造成应力集中，导致机器损坏	电极支撑座、开关零件
镉铜合金	约 0.1% 左右	减摩擦性能好，耐磨、抗拉强度高，灭弧性能和抗电弧的灼蚀性能良好，压力加工性能良好	架空导线、通信线

图 1-12 铜合金的特点图例

1.7 绝缘材料综述

绝缘材料是用来使器件在电气上绝缘的一种材料，也就是能够阻止电流通过的材料。绝缘材料的电阻率很高。绝缘材料的电阻率越大，绝缘性

能越好。

绝缘材料在电工产品中是必不可少的材料，在电工设备中所占比例是很大的。

绝缘材料的分类如图1-13所示。

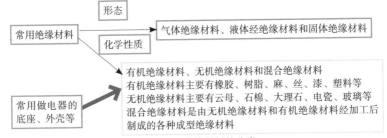

图1-13 绝缘材料的分类

常用绝缘材料的应用见表1-3。

表1-3 常用绝缘材料的应用

种类	耐温特点	说　　　明
氟塑料 PTFE	260℃	（1）耐温度性为 –70~+260℃ （2）具有良好的电气特性，比 PE 电气特性好 （3）具有不燃性，耐药品性良好 （4）属于高品位电线
氟塑料 PFA	260℃	
氟塑料 FEP	200℃	
氟塑料 ETFE	150℃	
氟塑料 PVDF	150℃	
PP（或发泡PP）	80℃	（1）介电常数小 （2）发泡 PP 常用于传输信号线等用途
天然橡胶（NR）	天然橡胶绝缘线60℃	（1）具有电气特性、机械特性，低温柔软性良好 （2）具有耐热性、可燃性，耐油性差
PE	75℃、80℃	（1）PE 分为中高低密度 PE、架桥 PE、发泡 PE （2）一般电气特性良好、耐药性、耐溶剂性良好 （3）对直射日光、紫外线性不良 （4）有热变形缺点 （5）发泡目的在改变介电常数，进而改善衰减等电气特性 （6）广泛用于高压线、通信用线
架桥 PE	90℃	
发泡 PE	80℃	
PVC	60℃	（1）具有耐臭氧、耐油、耐药性 （2）硬度、耐寒性可调整配合 （3）介电常数、散逸因数等大 （4）SR-PVC（半硬质）较良好的焊接性 （5）架桥有电子照射、化学、温水、空气架桥，以电子照射效果最好 （6）架桥增加耐热性，改变机械强度，耐有机溶剂性 （7）广泛用于绝缘体
耐热 PVC	75℃、80℃、90℃、105℃	
SR‐PVC	80℃、90℃、105℃	
架桥 PVC	105℃、125℃	

1.8 绝缘材料之绝缘体塑料

绝缘体塑料的分类如下：

（1）热固性塑料——该材料固化成型后，再加热尢法软化成型。

（2）热塑性塑料——该材料加热时，可以迅速软化或液化，成型后再加热也可再度软化成型，常见的PVC、PP、PE等属于热塑性塑料。

常用塑料的名称与英文缩写如下：

（1）聚氯乙烯——PVC。

（2）半硬质聚氯乙烯——SR-PVC。

（3）铁氟龙——FEP、PFA。

（4）聚氨基甲酸酯——PU。

（5）低烟无卤料——LSNH。

（6）聚乙烯——PE。

（7）高密度聚乙烯——HD-PE。

（8）低密度聚乙烯——LD-PE。

（9）发泡聚乙烯——FM-PE。

（10）高密度发泡聚乙烯——HDFM-PE。

（11）低密度发泡聚乙烯——LDFM-PE。

（12）防火聚乙烯——FR-PE

（13）聚丙烯——PP

（14）防火聚丙烯——Fr-PP。

（15）发泡聚丙烯——FM-PP。

塑料的判断方法如下：

1. 燃烧法

根据材料是否燃烧来判断。如果有，则再辨火焰颜色。以及根据是否冒烟来判断，如果有冒烟，则再根据烟的颜色来判断。另外，根据是否有溶胶滴落。如果有溶胶滴落，则再根据溶胶是否继续燃烧、燃烧时产生何种气味等特点来判断。具体的一些塑料特点如下：

PE——蓝色光罩，燃烧区熔融透明，有熔胶滴落，蜡烛味，置于水中上浮。

PVC——绿色火焰光罩，软化冒出白烟，有盐酸味，自熄性塑料，置于水中下沉。

PP——蓝色光罩，燃烧区熔融透明，有熔胶滴落，煤油味，置于水中上浮。

PU——黑烟，有熔胶滴落，无焦灰，氮氧化合物味，延烧性。

尼龙（聚酰胺纤维）——蓝色光罩，熔融，头发焦味，自熄性。

硅树脂类——无味，浓浓白烟，白色残余灰分，自熄性。

聚四氟乙烯——遇火软化变形，有褶曲薄层，少量焦炭，微焦发味，不可燃性。

2. 比重法

密度比较法就是以水的密度为基准，塑胶料置于水中。如果塑胶料下沉，则说明塑胶密度比水大。如果塑胶料上浮，则说明塑胶密度比水小。

一些塑料的比重见表1-4。

表1-4 一些塑料的比重

品名	PVC	PU	PP	PE
比重	硬质 1.30~1.58；软质 1.16~1.35	1.1~1.5	0.90~0.92	0.917~0.965
品名	聚四氟乙烯	尼龙	有机硅塑料	—
比重	2.08~2.2	1.12~1.15	1.76~1.78	—

注：FR-PP与FR-PE添加了防火剂（密度 $> 1g/cm^3$），则置于水中时会下沉。

PVC、PC、PET 性能比较见表 1-5。

表 1-5 PVC、PC、PET 性能比较

特性	PC（聚碳酸酯）	PET（聚酯）	PVC（聚氯乙烯）
厚度（mm）/生产方法	0.05~33.0（挤出）	0.012~0.500（双轴拉伸）	0.03~50.0（压延/挤出/热压复合）
拉伸强度	良	优良	欠佳
耐按压能力（薄膜开关）	良	优良	欠佳
真空吸塑成形性	良（冷热成形）	不宜	优良（冷热成形）
耐化学性	欠佳	优良	欠佳
对胶水的粘合性	优良	欠佳	优良
透光率/（L/T）	88.10%	90.20%	90.40%
雾化度（混浊度）	0.80%	1.50%	1.30%
服务温度	–30~130℃	–70~150℃	50℃，或者68℃、85℃（氯化PVC）
UT 耐温	印刷级：80℃绝缘级：130℃	105℃	50℃
耐曲折能力	欠佳	优良	欠佳

PVC、PC、PET 分辨方法见表 1-6。

表 1-6 PVC、PC、PET 分辨方法

项目	PC（聚碳酸酯）	PET（聚酯）	PVC（聚氯乙烯）
大力摇动听声音	刺耳像打雷	沉实	沉实
燃烧特性	不易燃点，有白烟/不滴胶，为橙黄色火焰，燃烧时起黑烟	易点燃，滴胶，为橙黄色火焰，烟会变灰飘散	离火即熄，黑色烟/不滴胶，为黄色火
撕裂分辨（用剪刀开口，然后用手撕）	不起白边，断裂边沿规则呈锯齿状及锋利，撕裂声音像拉动拉链	不起白边，撕裂边沿不规则则呈断层状及不锋利，撕裂声音为爆裂声	起白边，并且撕裂边沿线条直，规则，不刺手，边沿滑，撕裂时没什么声音

1.9 绝缘材料之塑料添加剂

塑料添加剂是指分散在塑料分子构造中，不会严重影响塑料分子结构，但是能够改善其性质、降低成本的一种化学物质。根据功能，塑料添加剂可以分为以下几种类型：

1. 抗氧化剂——主要是防止塑料中的不饱和双键受氧原子侵袭而引起的品质劣化。常见的抗氧化剂有芳香胺类、烷基酚等。

2. 难燃剂（又称防火剂）——当

塑料暴露于火焰时，能够压抑火焰蔓延，防止烟雾形成。火焰去掉时，燃烧会停止。难燃剂分为有机、无机等类型。

3. 可塑剂——可塑剂为挥发性低的物质，添加于塑料时，能够使塑料的弹性系数增加或减少，常温时增加柔软性，高温时易于加工。PVC添加量愈多时，则其制品愈软。

4. 硬化剂——硬化剂可以促进塑料形成交联结构，从而提高机械强度、耐溶剂性、耐热性、尺寸稳定性等。

5. 填充剂——填充剂可以改善机械强度、增加重量等。

6. 紫外光吸收剂——塑料受到高温能量的紫外光照射发生劣化。户外使用的塑料一般会添加紫外光吸收剂，从而将紫外光线吸收或遮断。

7. 滑剂——滑剂可以分为内部滑剂、外部滑剂。外部滑剂是使塑料从金属模具表面易于脱模。内部滑剂的目的是减少聚合分子间的摩擦，降低粘度，提高流动性。常用滑剂有脂肪酸酯类、烃类、金属皂类等。

8. 抗静电剂——主要是赋予塑料细微的导电性，避免因摩擦而造成静电的积存。常见的抗静电剂有乙氧化胺类等。

9. 着色剂（染料）——着色剂分为有机、无机、染料、颜料等类型。

10. 发泡剂——发泡剂可以分为直接压入塑料熔胶中使发泡，挥发性液体升温后挥发膨胀使塑料体发泡，分解性化学发泡剂等。

11. 安定剂——一般塑料均会在高温时会分解劣化，其中PVC在100℃以上长时间加热，有少量盐酸游离出来，开始分解。安定剂的作用可以阻止分解。

12. 冲击改质剂——加入具有特殊性质的树脂，从而改良塑料的耐冲击性。

1.10 线缆材料

根据使用部位与功能，线缆用材可以分为导电材料、绝缘材料、填充材料、屏蔽材料、护层材料等。

屏蔽层是电线电缆中一个非常重要的结构。屏蔽层仅一端做等电位连接与另一端悬浮时，其只能够防静电感应，防不了磁场强度变化所感应的电压。为了减小屏蔽芯线的感应电压，在屏蔽层仅一端做等电位连接的情况下，一般采用有绝缘隔开的双层屏蔽，并且外层屏蔽应至少在两端做等电位连接。这样，外屏蔽层与其他同样做了等电位连接的导体构成环路，感应电流，从而基本上可以抵消掉无外屏蔽层时所感应的电压。

静电屏蔽是用完整的金属屏蔽体将带电导体包围起来的一种措施。电磁屏蔽就是用金属屏蔽材料将电磁敏感电路封闭起来，使其内部电磁场强度低于允许值的一种措施；或者用金属屏蔽材料将电磁干扰源封闭起来，使其外部电磁场强度低于允许值的一种措施。

线缆材料常用的金属材料的应用见表1-7。

表 1-7　线缆材料常用的金属材料的应用

金属种类	材料形态		应用
铜及铜合金	钝铜	电解铜	熔铸铜线锭、上引法或浸涂法生产无氧铜杆、连铸轧机组生产光亮铜杆
		铜线锭	轧制铜杆及铜母线
		圆线	裸绞线、绝缘电线电缆的导电线芯及编织屏蔽层等
		型线	电线电缆的导电线芯、电车线、铜母线
		带（箔）料	电缆的屏蔽层、同轴电缆外导体等
	铜合金	圆线	高强度电线的导电线芯、电磁线、架空线等
		型线	电机换向器用梯排、电车线
		带材	高压充油电缆护层中的加强层
铅及铅合金			电力电缆及通信电缆的铅包护层
钢		钢丝	钢芯铝绞制的加强芯、电缆护层中编织或铠装层、特殊电线电缆的导电电线芯加强材料等
		钢带	电缆护层的铠装层、同轴电缆的外屏蔽、通信电缆的综合护层
锡			制作镀锡铜线
银			制作镀银铜线
镍			制作镀镍铜线
铝及铝合金	纯铝	铝锭	熔铸铝线锭等
		铝线锭	轧制铝杆及铝母线等
		圆铝锭	挤制电缆铝护套、铝杆及型线
		圆线	架空输电线、绝缘电线电缆的导电线芯
		型线	绕组线、铝母线和电车线等
		带（箔）料	电缆的屏蔽层、通信电缆综合护层、同轴电缆外导体等
	铝合金	圆线	架空输电线及绝缘电线电缆的导电线芯
		型线	电车线、变压器用换导线

线缆材料中的一些材料的允许温度见表 1-8。

表 1-8　线缆材料中的一些材料的允许温度

材料名称	允许工作温度 /℃	材料名称	允许工作温度 /℃
聚四氯乙烯	250	氟橡胶	180~200
聚丙烯	80~90	硅橡胶	150~180
聚氯乙烯塑料	65~70	天然橡胶	60~75
耐热 PCV 塑料	80~105	乙丙橡胶	80~90
聚全氟乙丙烯塑料	150~200	丁腈 - 氯氯乙烯复合物	80
聚乙烯	60~70	丁腈橡胶	100~120
化学交联聚乙烯	80~90	丁基橡胶	80~90
辐射交联聚乙烯	80~100	氯丁橡胶	80~90
氯磺化聚乙烯	80~90	丁苯橡胶	60~75

线缆材料一些被覆材料的特点见表1-9。

表1-9　线缆材料一些被覆材料的特点

材料	主要用途	性　质
氯丁二烯橡胶（CR）	外被（60℃）	（1）耐候、耐油、耐磨耗、耐屈曲性良好 （2）贮藏性不好，明色配合难
硅胶	外被（180℃）	（1）温度环境性、耐候性、电气特性良好 （2）机械特性、耐磨性不良 （3）耐热线用
氟塑料	氟塑料外被（200℃）	（1）耐油、耐候、耐热、耐药品、电气特性良好 （2）耐寒性、加工性差
LSNH 低烟无卤	高阻燃环保电线电缆绝缘与被覆	（1）阻燃、低烟、无毒 （2）即使被点燃后，材料释放的主要是水、二氧化碳，能够有效地防止烟雾对人体的损害
PE	PE外被（75℃、80℃）	（1）一般常用低密度PE （2）耐溶液性良，可燃性与抗紫外线性不良
尼龙		适用于耐汽油用线
天然橡胶（NR）	天然橡胶外被（60℃）	（1）具有机械特性 （2）低温柔软性 （3）耐候性、耐热性、耐油性、可燃性不良
耐热PVC	耐热PVC外被（75℃、80℃、90℃、105℃）	（1）用途广 （2）有较好的阻燃性
一般PVC	一般PVC外被（60℃）	（1）用途广 （2）有较好的阻燃性

1.11　家装中需要防水材料的地方

家装中需要防水材料的地方如下：

（1）墙壁内埋水管，应做大于管经的凹槽，槽内抹灰圆滑，然后在凹槽内刷防水涂料，进行防水处理。

（2）排污口、地漏需要做防水层，也就需要防水材料。装修时，尽量避免改动原来的排水、污水管、地漏等位置。

（3）厨房卫生间地面重新装修时，防水层最容易被破坏，一般需要重新做防水层，也就需要防水材料。

（4）与洗浴设备（例如洗脸盆、水槽）临近的墙面，需要防水材料。如果没有防水的保护，墙壁容易潮湿发生霉变。因此在铺前面瓷砖前，一定要做好墙面的防水处理。非沉重的轻质墙体，防水至少要做到1.8m高，最好整面墙都做防水。与淋浴位置临近的墙面防水做到1.8m高，与浴缸相邻的墙面防水涂料的高度应高于浴缸的上沿。

（5）墙面与地面、上下水管与地面的接缝处，需要做防水层，也就需要防水材料。

1.12 建材选购、省钱的原则与方法

建材选购、省钱的一些原则与方法如下：

（1）选购时，如果达到了需要的标准、环保、风格、质量、服务等，然后考虑价格与之对等的上述条件的平衡点，也就是根据性价比最高的点进行选择。

（2）省立面不省地面——地面的使用率要比墙面高，因此，选择地面材料要关注品质。墙面的，则相对而言可以降低一些要求。

（3）减少水管弯头——水管中的弯头接头，是价格的大头。因此，考虑水管开槽时，根据规定尽量减少弯头的使用量。

（4）卫生间材料，需要安全、美观。

（5）水管是水路改造时最主要的材料，其是水的行走通道。根据使用用途，可以分为冷水管、热水管。根据大小，可以分为4分管和6分管等。另外，镀锌管、铝塑管相继在家装中被淘汰，铜管、不锈钢管由于造价高，在家庭装修中使用较少。目前，使用最普遍的水管为PPR管。

（6）目前，国家已经明令禁止镀锌管做为家庭装修中的水管材料使用。

（7）铝塑管是由金属铝与塑料制成的，外面是塑料，里面是金属铝。

（8）铝塑管具有一定韧性、耐高温、可盘曲、可任意剪裁、易运输、易安装、施工方便、损耗小、接口必须用金属管件、受水压撞击或遇热胀冷缩后易导致漏水。早期装修，铝塑管可以同时被用做冷水管、热水管。与PPR管相比，铝塑管的保温性能较差，不宜做热水管使用。

（9）PPR无毒、不易结垢、无污染、质轻、耐压、耐腐蚀、使用寿命长，PPR管已被普遍使用。

（10）PPR管接口采用热熔技术，在280℃的高温下，管子间完全融合一起，不会像铝塑管容易老化漏水。

（11）PPR管可以分为冷水管、热水管，其处理工艺等略有不同，要区分使用。主要注意，不得用冷水管替代热水管使用，只能够用热水管替代冷水管使用，但是，一般而言热水管比冷水管要贵一些。一般情况下，管材上画有红线的为热水管，画有蓝线的为冷水管。

（12）不锈钢管性能与铜管类似，但是比铜管美观、造价低。因此，不锈钢管很少作为供水管使用。多数情况下，是作为下水或者需要单接水龙头时用。

（13）铜管具有耐腐蚀、消菌等优点，属于水管中的上等品，但是造价高。铜管的接口方法是焊接式。另外，金属材料导热快，铜管作为热水管使用时，要使用专用保温材料包裹。

（14）与给水管相比，排水管对材料的受压能力、环保等要求不高。排水管，最重要的参考因素为使用寿命。

（15）家装常见的排水管，主要有铸铁管、UPVC管。铸铁管主要以生铁为主要原料，但是不美观、易氧化、易生锈。铸铁管基本被淘汰了。UPVC是一种白色塑料管，外形美观，使用寿命长。UPVC是现在普遍使用的一种排水管。

（16）水路改造，除了管材外，还要用到管件。管件是水路改向、增加

出水口、连接接口时所需要的一种附属配件。管件种类多，名称多。水路90%以上的跑水、漏水，与接口处的管件有关。为此，选购时，需要注重管件的选择。

（17）镀锌管、铝塑管、PPR管、铜管等配套的管件品种、名称一般都是一样的，只是材质不同。

（18）选购管材、管件，先仔细阅读说明书、合格证，了解其性能指标。

（19）省外材不省内材——埋入墙内的电线、水管，需要选择品质好的，以免出了问题要修理，则代价很大。装饰品、窗帘、灯具等外表性的，则可以选择相对便宜的，以后更换新的、品质好的，也不会有牵连工程的麻烦。

（20）省插座不省开关——开关要买好的品牌。插座则可以选择普通系列。这是因为开关使用频率高，安装在显眼的位置，因此，对开关装饰的效果、耐用性等有要求。

（21）强电根据家中电器的使用功率来选择。居家生活 $2.5mm^2$、$4mm^2$ 的电线基本已足够。电线有按米卖的，也有按整卷卖的。一般而言，整卷价格比单买价格要便宜。电线规格有高有低，根据自身条件来选择，不是越贵越好。考虑长久性，如 $4mm^2$ 已经够用的电线就不用购买 $6mm^2$ 或者 $10mm^2$ 的电线。插座，一般用 $2.5mm^2$ 的线，其中的接地线，则可以用 $1.5mm^2$ 的线。一般1.5匹的空调，可以用 $2.5mm^2$ 的电线。

（22）家装二次改造强电线路，一般采用经过国家强制3C认证标准的BV（聚氯乙烯绝缘单芯铜线）导线。一般不采用护套多芯线缆。如果出现多芯与单芯线缆对接的情况，则必须对接头处进行涮锡处理。

（23）家装线管，有常用的PVC阻燃管与公装常用的镀锌铁管。线管有16mm、20mm的，两者厚度不同。具体根据墙壁开槽的深度、管内导线来选择。

（24）接线盒，注意分清分线盒、插座开关暗盒、灯头盒等类型。

（25）软管，一般用于接线盒与筒灯塑料或者金属材质。

（26）电视线，目前一般选择四层屏蔽同轴线。选择电视线时，可以看铜丝粗细。铜丝越粗，则说明防磁、防干扰信号较好。另外，看电线的编制层是否紧密。越紧密，则说明屏蔽功能越好，电视信号也就越清晰。

（27）网线，一般是选择超五类双屏蔽线、非屏蔽六类网线。超五类双屏蔽线是百兆网速，能够满足基本需要。非屏蔽六类网线是千兆网速，屏蔽效果较差。

（28）电话线有2芯、4芯独股电话线。2芯独股电话线，可满足一般需求。4芯线，可满足家中安装两部不同号码电话机的需要。另外，4芯独股电话线有两根线备用，坏了可用其他线，相对风险较小。

（29）电话线、网线等线材，如果是长期居住，则可以预见今后生活的变化等因素，结合成本预算，考虑一次性到位。如果暂时居住，则购买够用的线材即可，没必要选购超前的线材。

（30）音响线建材，常见的有200芯、300芯线。一般而言，200芯的音响线可满足基本需要。对音响效果要求高的，则可以考虑选择300芯的音响线。

（31）管卡主要用于固定线管，根据实际情况选择具体类型的管卡。

第 2 章

强电建材——一用即学

2.1 绝缘胶带、胶布

电工胶布关键要看其厚度、耐压等级、温度等级。电工胶布的外形与结构如图 2-1 所示。

名称：电工绝缘胶布
胶布总长：10m
厚度：18mm
温度等级：0~80℃
电压等级：< 600V

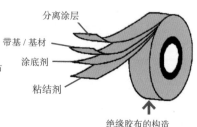

分离涂层
带基 / 基材
涂底剂
粘结剂
绝缘胶带的构造

图 2-1　电工胶布的外形与结构

常见绝缘胶带的参数见表 2-1。

表 2-1　常见绝缘胶带的参数

胶带牌号	厂商	基材	粘结剂	耐温/℃	厚度/mm	耐压/kV	绝缘电阻/Ω	伸张度（%）	阻燃等级
1350Y	3M	聚酯薄膜	Acrylic	130	0.06	5.5	$> 10^6$	75	94V0
1350W	3M	聚酯薄膜	Acrylic	130	0.06	5.5	$> 10^6$	75	94V0
CT-280	YAHUA	聚酯薄膜	Acrylic	130	0.06	5.5	$> 10^6$	75	94V0
JY-320	JINGYI	聚酯薄膜	Acrylic	130	0.06	4.2	$> 10^6$	75	94V0
IP80	P.LEO	聚酯薄膜	Acrylic	130	0.06	5.5	$> 10^6$	75	94V0
92	3M	聚酰亚胺	ST	180	0.06	7.5	$> 10^6$	55	94V0
DF	YAHUA	聚酰亚胺	ST	180	0.06	7.5	$> 10^6$	55	94V0
K-CJ01	CHANGJIANG	聚酰亚胺	ST	180	0.06	7.0	$> 10^6$	55	94V0
WF-2902	YAHUA	聚酯薄膜薄垫	PUBBER	130	0.14	5.5	$> 10^6$	30	94V2
#44	3M	聚酯薄膜薄垫	PUBBER	130	0.14	5.5	$> 10^6$	30	94V2
WF-310	JINGYI	聚酯薄膜薄垫	PUBBER	130	0.14	5.5	$> 10^6$	30	94V2
EB600	EVER BRIGHT	芳香聚胺纸	Acrylic	155	0.09	2.5	$> 10^6$	6	94V0
#60	3M	聚四氟乙烯薄膜	ST	180	0.1	9.5	$> 10^6$	200	94V0

2.2 电线电缆的概述

电线电缆是用来传输电（磁）能、信息，实现电磁能转换的一种线材。广义的电线电缆简称为电缆，狭义的电缆是指绝缘电缆。

电线电缆的结构元件，总体上可以分为导线、绝缘层、屏蔽、护层、填充元件、承拉元件等。

电线电缆的结构元件的特点与主要材料见表2-2。

表2-2　电线电缆的结构元件的特点与主要材料

名称	特　点	主要材料
导线	进行电流、电磁波信息传输功能的最基本的主要构件	导线是导电线芯的简称，一般是用铜、铝、铜包钢、铜包铝等导电性能优良的有色金属制成，有的以光导纤维作为导线
护层	对电缆整体，特别是对绝缘层起保护作用的构件	PVC、PE、橡胶、铝、钢带
绝缘层	包覆在导线外围四周起着电气绝缘作用的构件	PVC、PE、XLPE、氟塑料、橡胶、纸、云母带、聚丙烯PP
抗拉元件	主要起抗拉作用的元件	钢丝
屏蔽	将电缆中的电磁场与外界的电磁场进行隔离的构件	裸铜线、铜包钢线、镀锡铜线
填充结构	一些电线电缆是多芯的，如果将这些绝缘线芯或线对成缆后，或分组多次成缆后，则外形不圆整，绝缘线芯间留有很大空隙。因此，在成缆时加入填充结构	PP绳

电线电缆的类型图例如图2-2所示。

电线电缆是用以传输电能和实现电磁转换的线材。电线电缆分为通用电线电缆和专用电线电缆两大类。电线电缆类型：裸导线、电磁线、电力电缆、电气装备用电线电缆、通信电缆。一般将芯数少、直径小、结构简单的电传输线称为电线。其他的称为电缆

电缆一般为多芯、有护套的绝缘导线束

多芯电缆结构：
从内到外：导体—绝缘层—内护层—衬层—铠装层—外护层

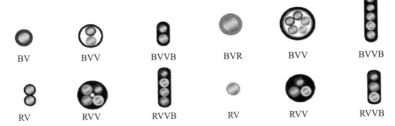

图2-2　电线电缆的类型图例

常见电缆型号名称代表含义如下：

ARVV——镀锡铜芯聚氯乙烯绝缘聚氯乙烯护套平行连接软电缆。

AVR——镀锡铜芯聚乙烯绝缘平行连接软电缆。

RV——铜芯氯乙烯绝缘连接电缆。

RV-105——铜芯耐热105℃聚氯乙烯绝缘聚氯乙烯绝缘连接软电缆。

RVB——铜芯聚氯乙烯平行连接电线。

RVV——铜芯聚氯乙烯绝缘聚氯乙烯护套圆形连接软电缆。

RVVB——铜芯聚氯乙烯绝缘聚氯乙烯护套平行连接软电缆。

常见电缆的参数见表2-3。

表2-3　常见电缆的参数

型　　号	额定电压 /V	芯　　数	标称截面积 /mm²
RV	300/500	1	0.5~95
RVS	300/500	2	0.5~6.0
RVSP	300/500	2	0.5~6
RVV	300/500	2~60	0.3~10
RVVP	300/500	2~60	0.3~0.25
ZR-RV	300/500	1	0.5~95
ZR-RVS	300/500	2	0.5~6.0
ZR-RVSP	300/500	2	0.5~6

电线电缆常见的是铝线与铜线，其中铜线的一些类别如下：

（1）软铜线——一般是硬铜线加热去除冷却加工所产生残余应力而成的。软铜线具有柔软性、弯曲性、较高导电率，适用于制造通信、电力线缆材料导体，以及电气机械、各种家用电器材料导线。

（2）硬铜线——一般是经线冷加工而成的。硬铜线具有较高的抗张强度，适用于架空输电线、配电线、建筑线材料的导体。

（3）半硬铜线——其抗张强度介于硬铜线与软铜线间，适用于架空线的绑线、收音机的配线。

（4）铜箔丝——铜箔丝是以扁平且极薄的铜丝卷绕在纤维丝上的一种材料。

（5）先绞后镀线——先绞后镀线是将未镀的铜线绞合后，然后加以镀铝形成的。

（6）铜包钢线——一般用于同轴线作信号的传输（例如电视机与VCD的连接、户外电视天线、闭路电视等）。较硬线具有更高的抗张强度，在高山地带，跨越河流等需要长距离作为架空线用。

（7）合金铜线——由铜与其他导体金属组成，一般适用于特殊用途的线。

（8）镀锡铜线——铜线表面镀锡，从而增加焊接性，保护铜导体在PVC或橡胶绝缘制作时不受侵蚀，以及防止橡胶绝缘的老化。

（9）平角铜线——断面是正方形或长方形的一种铜。平角铜线是制造大型变压器、大型电动机等感应线圈的材料。

（10）无氧铜线——无氧铜线的含氧量为 0.001% 以下，纯度特高的铜线，铜的含量为 99.99% 以上。无氧铜线不会受氧脆化，适用于制真空管内的导线、半导体零件导线、极细线等。

（11）漆包线——漆包线是铜线软化后，表面涂以绝缘漆，然后经加热烤干而成的。漆包线一般分为天然树脂漆包线、合成树脂漆包线。

选择电线电缆，需要根据使用要求、应用场合来进行选择。家装一般选择铜线。另外，线路暗敷，一般需要选择匹配的保护管。保护管内电线电缆的根数需要符合要求，具体见表 2-4。

表 2-4　保护管内电线电缆的根数需要符合要求

电缆截面积 /mm²	保护管种类	保护管电线电缆根数						
		1	2	5、6	7、8	9	10、11	12
1.5~2.5	电气管 /in①	3/4	1	5/4				
	焊接管 /in①	1/2	3/4	1	5/4	3/2	5/2	3
	聚氯乙烯管	DN15	DN20	DN32	DN40	DN50	DN65	DN80

① 1in=0.0254m。

2.3　单股硬线

单股硬线，也就是单支硬线。单股硬线的规格有多种，如图 2-3 所示。家装配电箱，常见选择的单股硬线纯铜芯阻燃电线的规格有 ZR-BV1.5、ZR-BV2.5、ZR-BV4、ZR-BV6mm² 等。

单根电线
单股电线
单股硬线

单股电线又细分为软芯线与硬芯线，单根电线内部是铜芯，外部包裹 PVC 绝缘层

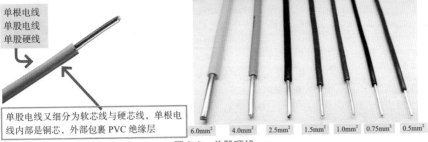

6.0mm²　4.0mm²　2.5mm²　1.5mm²　1.0mm²　0.75mm²　0.5mm²

图 2-3　单股硬线

单股硬线的选择技巧如图 2-4 所示。另外，也可以采用一看二折三查的技巧来判断：

一看——看绝缘皮是否有破损、厚度是否均匀、线芯包裹是否紧密、铜芯是否光洁等。

二折——可以把电线折一折，如果感觉（或者发现）柔韧性强，则说明该单股硬线越好。

三查——通过查检测报告、查日期等要素来进行判断。

选购时，单股电线表面应光滑，不起泡，外皮有弹性，优质电线剥开后铜芯有明亮的光泽，柔软适中，优质电线的铜芯为紫红色，有光泽，可用美工刀将电线一端剥开长约10mm，切开优质电线绝缘层时会感到阻力均匀

单股电线以卷为计量，每卷线材的长度标准为50m或100m

将铜芯在较厚的白纸上反复磨划，如果白线上有黑色物质，说明铜芯中的杂质较多

每 mm² 对应铜芯直径大概值

平方数 /mm²	铜芯直径 /mm
0.5	0.8
0.75	0.98
1.0	1.15
2.5	1.78
4.0	2.25
6.0	2.75

还可以用打火机燃烧电线的绝缘层，优质产品不容易燃烧，离开火焰后会自动熄灭，伪劣产品遇火即燃，离开火焰后仍然燃烧，且有刺鼻的气味

图 2-4 单股硬线的选择技巧

家装应用单股硬线的选择如图 2-5 所示。

强电导线单股导线

1.5mm² → 照明回路
2.5mm² → 照明回路和插座回路
4mm² → 插座回路和一般的空调回路
6mm² → 大功率空调回路和走专线

图 2-5 家装应用单股硬线的选择

家装电线的好坏判断技巧如图 2-6 所示。

外观上判别劣导线的特征

→ 绝缘材料质量差
→ 导体材料质量不合格
→ 截面积与标称截面积不符
→ 数量与标称截面积不符

图 2-6 家装电线的好坏判断技巧

在一套住房里电线色标需要分辨清楚。安装时，使用统一的分色。如果已安装的线路没有统一分色，则一般需要在线路上注明标记，以及在电路走向图上明确标记，以便备查。

2.4 BVVB 二芯铜芯护套线

BVVB 二芯铜芯护套线的规格有 $2 \times 1.5mm^2$、$2 \times 2.5mm^2$、$2 \times 4mm^2$ 的 2 芯电源电线。该护套线往往是白色扁平的。

BVVB 二芯铜芯护套线的特点图例如图 2-7 所示。

BVVB 二芯铜芯护套线在家装中，应用较少。其在店装中，应用较多，特别是一些简单小店装中应用甚多。

图 2-7 BVVB 二芯铜芯护套线

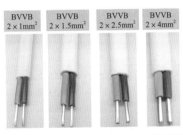

护套电线是在单股电线的基础上增加了1根同规格的单股电线，即成为1个独立回路，这2根单股电线即为1根相线与1根零线

型号	宽度 /mm	厚度 /mm	直径 /mm	额定电压 /V
BVVB2×1mm²	6.4	3.9	1.13	300/500
BVVB2×1.5mm²	8.1	5.1	1.34	300/500
BVVB2×2.5mm²	8.6	5.4	1.78	300/500
BVVB2×4mm²	9.5	5.6	2.18	300/500

图 2-7　BVVB 二芯铜芯护套线（续）

2.5　多股铜芯软线

多股铜芯软线 RV0.5、RV0.75、RV1.5、RV2.5、RV4、RV6mm² 等。多股铜芯软线，可以作为配电箱的连接线。

多股铜芯软线的特点图例如图 2-8 所示。

单芯多股软线

RV 软电线，字母 R 代表软线，V 代表绝缘体（聚氯乙烯），就是俗称的 PVC

无氧铜芯纯度 99.99%，电阻低

偏心率低，杜绝最薄点受破导致击穿漏电

图 2-8　多股铜芯软线的特点图例

多股铜芯软线的规格与颜色图例如图 2-9 所示。

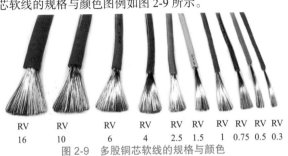

RV16　RV10　RV6　RV4　RV2.5　RV1.5　RV1　RV0.75　RV0.5　RV0.3

图 2-9　多股铜芯软线的规格与颜色

型号	颜色								
RV0.5	红色	黑色	黄色	绿色	蓝色	地线	白色	棕色	紫色 灰色
RV0.75	红色	黑色	黄色	绿色	蓝色	地线	白色	棕色	紫色 灰色
RV1	红色	黑色	黄色	绿色	蓝色	地线	白色	棕色	
RV1.5	红色	黑色	黄色	绿色	蓝色	地线	白色	棕色	
RV2.5	红色	黑色	黄色	绿色	蓝色	地线	白色		
RV4	红色	黑色	黄色	绿色	蓝色	地线			
RV6	红色	黑色	黄色	绿色	蓝色	地线			

型号	外径	结构
RV0.3mm²	外径：1.55mm 左右	结构是 16 根 0.13mm
RV0.5mm²	外径：2.05mm 左右	结构是 16 根 0.18mm
RV0.75mm²	外径：2.38mm 左右	结构是 24 根 0.18mm
RV1mm²	外径：2.8mm 左右	结构是 32 根 0.18mm
RV1.5mm²	外径：3.2mm 左右	结构是 48 根 0.18mm
RV2.5mm²	外径：3.7mm 左右	结构是 80 根 0.18mm
RV4mm²	外径：4.5mm 左右	结构是 133 根 0.18mm
RV6mm²	外径：5.2mm 左右	结构是 198 根 0.18mm
RV10mm²	外径：7.2mm 左右	结构是 161 根铜丝
BV16mm²	外径：8.8mm 左右	结构是 256 根铜丝

图 2-9　多股铜芯软线的规格与颜色（续）

家装多股铜芯软线的选择与主要应用如图 2-10 所示。

图 2-10　家装多股铜芯软线的选择与主要应用

家装多股铜芯软线负荷的估算方法如下：

铜芯导线	理论负荷 /A	铝芯导线	理论负荷 /A
1.5mm²	24	1.5mm²	18
2.5mm²	32	2.5mm²	25
4.0mm²	42	4.0mm²	32
考虑穿线管的影响：× 系数 0.9			
考虑 环境的影响：× 系数 0.8		综合影响：0.9 × 0.8 = 0.72	

举例 2.5mm² 铜芯导线可以承受最大功率是多少 W ？
根据公式与综合影响系数

$$P（功率）= U（电压）× I（电流）$$

综合影响：0.9 × 0.8 = 0.72

得：

$$220V × 32A × 0.72 = 5068.8W$$

2.6　RVS 花线

RVS 电线全称为铜芯聚氯乙烯绝缘绞型连接用软电线，别名为对绞多股软线，俗称为花线。

RVS 中的字母代表含义如下：

R——代表软线。

V——代表聚氯乙烯（绝缘体）。

S——代表双绞线。

RVS 适用于额定电压 300/300V 家用电器、小型电动工具、仪器仪表、动力照明用装置、消防火灾自动报警系统的探测器线路、连接功放与音响设备、广播系统传输经功放机放大处理的音频信号等连接。RVS 花线长期允许工作温度不超过 70℃。

现阶段，该种线材多用于消防系统，也叫做消防线，例如消防线 RVS 花线 2×1.5、2×2.5、2×4 等。

RVS 花线的规格如图 2-11 所示。

99.99% 纯铜无氧铜，电阻低，导电好

图 2-11　RVS 花线的规格

| ZR-RVS 2 × 0.5 | ZR-RVS 2 × 0.75 | ZR-RVS 2 × 1 | ZR-RVS 2 × 1.5 | ZR-RVS 2 × 2.5 |

图 2-11 RVS 花线的规格（续）

说明：VSP 电线是在 RVS 的基础上再加上一层铜丝屏蔽网。因此，VSP 电线在减少信号的传输损耗，屏蔽外界干扰方面比 RVS 电线效果好一些。VSP 电线增加了铜丝屏蔽网，因此，其成本比 RVS 电线高。RVS 电线常用于对传输的信号要求很高的场合。

2.7 RVB 电线

RVB 为扁形无护套软线。RVB 线适用于家用照明、电器、仪器、广播音响连接控制用线、消防电线等。RVB 电线如图 2-12 所示。

规格：16 根 /0.18mm
宽度：5.5mm
厚度 2.5mm

规格：14 根 /0.18mm
宽度：5.7mm
厚度 2.7mm

0.5mm²

0.75mm²

图 2-12 RVB 电线

RVB 与 RVVB 的区别如下：

RVB——扁形无护套软线。

RVVB——扁形护套软线。

也就是说，RVVB 比 RVB 多了一层护套。

另外，RVB 电线还有一种红黑线的 RVB 电线。RVB 红黑线长期允许工作温度应不超过 70℃，其适用于 LED 灯供电传输、小功率喇叭线、普通节能灯等小功率用电传输等弱电传输。

RVB 红黑线的一些规格如下：

纯铜红黑线 RVB2 × 0.3——外径 4.3mm、单边 2.1 mm（厚度）、铜芯结构 16 根。

纯铜红黑线 RVB2 × 0.5——外径 5.0mm、单边 2.4mm（厚度）、铜芯结构 16 根。

纯铜红黑线 RVB2 × 0.75——外径 5.3mm、单边 2.6mm（厚度）、铜芯结构 24 根。

纯铜红黑线 RVB2 × 1——外径 5.9mm、单边 2.9mm（厚度）、铜芯结构 32 根。

纯铜红黑线 RVB2×1.5——外径
6.8mm、单边 3.3mm（厚度）、铜芯结
构 48 根。

纯铜红黑线 RVB2×2.5——外径
7.8mm、单边 3.8mm（厚度）、铜芯结
构 80 根。

RVB 红黑线如图 2-13 所示。

图 2-13　RVB 红黑线

2.8　装修用硬线还是软线

装修用硬线还是软线的比较如
下：

（1）硬线穿管比软线好穿。

（2）硬线安装比较方便。

（3）硬线比软线便宜。

（4）单股导线比多股导线的硬度
高一些，一般用于固定敷设。

（5）单股铜线比较多股铜线而言，
在线路接头、设备接线方面要方便些。

（6）家装主干线路，一般使用单
股塑铜线。

（7）单股塑铜线的电阻比多股软
线小，电阻小，生成的热量少。

（8）截面积在 10mm² 及以下的单
股铜芯线、单股铝芯线直接与设备、
器具的端子连接。

（9）截面积在 10mm² 及以下的单
股铜芯线、单股铝芯线，可以直接与
开关、插座、灯具接线端连接，线头
无需处理。

（10）软线的延展性比硬线好，便
于日后维修。

（11）烧坏的接头，多数是多芯的
软线。

（12）家装软线接头需压接或焊
接，才能够安装。

（13）家装软线易老化损坏。

（14）家装软线适合在连接吊灯、
其他用电器的地方少量使用。

（15）家装软线不宜在固定的长
距离的线路中使用。

（16）空调、厨房插座电流大，使
用多芯线必须定期拆开插座面板检查
接头情况。

（17）多股软线比单股铜线接触
面积大、散热快。

（18）多股铜线较软，不易折断
线芯，适用于导线要跟随运动的场合、
多根导线敷设在一起的场合。

（19）单股铜芯线的最大截面积为
6mm²。移动场合，一般用多股的软
线，以免酿成事故。

（20）家装灯头可以使用多股软
线、护套线。

（21）正常情况下，同样 mm² 的
电线截面面积，多股软线的导电性能
弱于单股塑铜线。

（22）相对而言，多股软线中的
细线在隐蔽工程处（暗线）易发生短路，
热量过大很容易出现发热、燃烧等事
故。

（23）多股软线比单股塑铜线，接
头缠绕、焊接处不易处理完美，也易
出现事故。

（24）同样截面积的电线，多芯
软线芯线比单芯硬线线径细。如果用
螺钉直接拧紧，则每根芯线受螺钉压
力不均匀，会造成部分受力大的芯线

断股。并且固定越紧，则断股现象越严重，这相当于降低线径规格，也就是电线承载能力会下降。

（25）使用多芯软线中，可能继续使一些将断没断的芯线断股，则会造成螺钉固定不良，引发短路、断路等故障。

（26）多芯线芯线真正被螺钉压实固定的根数只能是少数，则多数芯线会随着螺钉的拧紧而散开，与开关插座接触不良，存在较大的接触电阻，引起局部发热，从而存在安全隐患。

（27）多芯软线线头没有线耳包裹，则每根芯线表面充分外露，芯线与空气接触的总面积比单芯线大，这样氧化发霉的情况比单芯线严重一些。

（28）截面积在 2.5mm^2 及以下的多股铜芯线拧紧搪锡或接端子后，与设备、器具的端子连接。

（29）截面积大于 2.5mm^2 的多股铜芯线，除设备自带插接式端子外，接端子后，与设备或器具的端子连接。多股铜芯线与插接式端子连接前，其端部需要拧紧搪锡。

（30）截面积在 2.5mm^2 及以下的多股铜软线，需要把线头芯线捻紧后，再用焊锡焊成完整的一整根，或用接线端子压接后，再与开关、插座、灯头等连接，不能够直接把线头插进面板等的接线端子里，直接拧紧螺钉。

（31）截面积大于 2.5mm^2 的多股铜软线，需要压接接线端子后，再与开关、插座、灯具等接线端连接，然后拧紧螺钉固定。

（32）面积大于 2.5mm^2 的多芯软线，不允许用焊锡焊成完整的一根，直接插进开关、插座面板接线端，然后用螺钉拧紧的操作。

2.9　电工套管概述

电工套管是指建筑、装修电气安装工程中用于保护，以及保障电线或电缆布线的管道。电工套管允许电线或电缆的穿入与更换。电工套管的一些特点与要求如下：

（1）要求管材管件的内外壁光滑、摩擦系数小。从而减少电线、电缆在管道内的阻力。

（2）具有一定的抗冲、耐热性。

（3）具有一定的防潮、耐酸、耐碱。

（4）具有一定的抗压性。电工套管能够承受 750N 以上压力，则可以明装，也可以暗敷于混凝土内，从而不会受压破坏。

电工套管有关术语见表 2-5。

表 2-5　电工套管有关术语

名　　称	解　　说
半硬质套管	无需借助工具能手工弯曲的一种套管
波纹套管	套管轴向具有规则的凹凸波纹的一种套管
非冷弯型硬质套管	在标准规定的试验条件下不能弯曲的一种硬质套管
非螺纹套管	不用螺纹联接的一种套管
非阻燃套管	被点燃后在规定的时间内火焰不能自熄的一种套管
绝缘套管	由电绝缘材料制成的一种套管

（续）

名称	解　说
冷弯型硬质套管	在标准规定的试验条件下可弯曲的一种硬质套管
螺纹套管	带有联接用螺纹的平滑套管
平滑套管	套管轴向内外表面为平滑面的一种套管
套管壁厚	套管的外径与内径之差的一半
套管材料厚	波纹套管材料厚度为一个波纹周期厚度的平均值，平滑套管的材料厚等于壁厚
套管配件	指所有与套管联接或装配使用的器件
硬质套管	只有借助设备或工具才可弯曲的的一种套管
阻燃套管	套管不易被火焰点燃，或虽能被火焰点燃，但是点燃后无明显火焰传播，且当火源撤去后在规定时间内火焰可自熄的一种套管

套管的分类如下：

（1）根据弯曲特点——可以分为硬质套管（冷弯型硬质套管、非冷弯型硬质套管）、半硬质套管、波纹套管。

（2）根据联接形式——可以分为非螺纹套管、螺纹套管。

（3）根据力学性能——可以分为低机械应力型套管（简称轻型）、中机械应力型套管（简称中型）、高机械应力型套管（简称重型）、超高机械应力型套管（简称超重型）。

（4）根据阻燃特性——可以分为非阻燃套管、阻燃套管。

（5）根据温度的分类见表2-6。

表 2-6　套管的温度分类

温度等级	环境温度不低于 /℃		长期使用温度范围 /℃
	运输及存放	使用及安装	
—25 型	-25	-15	-15~60
—15 型	-15	-15	-15~60
—5 型	-5	-5	-5~60
90 型	-5	-5	-5~60*
90/—25 型	-25	-15	-15~60*

* 此类套管在预制混凝土中可承受 90℃温度作用。

套管的型号如图 2-14 所示。
套管规格尺寸见表 2-7。

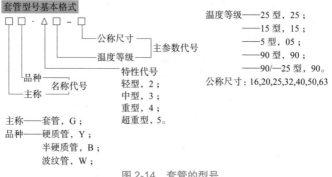

图 2-14　套管的型号

表2-7　套管规格尺寸

公称尺寸/mm	外径/mm	极限偏差/mm	最小内径/mm		最小壁厚/mm	米制螺纹	套管长度/m	
			硬质套管	半硬质、波纹套管			硬质磁管	半硬质、波纹套管
16	16	$0 \atop -0.3$	12.2	10.7	1.0	M16×1.5	$4^{+0.006}_0$ 也可根据运输及工程要求而定	25~100
20	20	$0 \atop -0.3$	15.8	14.1	1.1	M20×1.5		
25	25	$0 \atop -0.4$	20.6	18.3	1.3	M25×1.5		
32	32	$0 \atop -0.4$	26.6	24.3	1.5	M32×1.5		
40	40	$0 \atop -0.4$	34.4	31.2	1.9	M40×1.5		
50	50	$0 \atop -0.5$	43.2	39.6	2.2	M50×1.5		
63	63	$0 \atop -0.6$	57.0	52.6	2.7	M63×1.5		

套管配件的参照规格尺寸见表2-8。

表2-8　套管配件的参照规格尺寸

名称	解　说

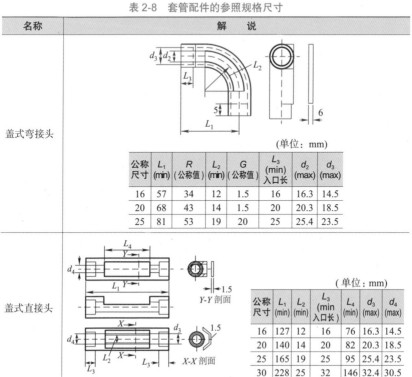

盖式弯接头

（单位：mm）

公称尺寸	L_1 (min)	R (公称值)	L_2 (min)	G (公称值)	L_3 (min) 入口长	d_2 (max)	d_3 (max)
16	57	34	12	1.5	16	16.3	14.5
20	68	43	14	1.5	20	20.3	18.5
25	81	53	19	20	25	25.4	23.5

盖式直接头

（单位：mm）

公称尺寸	L_1 (min)	L_2 (min)	L_3 (min) 入口长	L_4 (min)	d_3 (max)	d_4 (max)
16	127	12	16	76	16.3	14.5
20	140	14	20	82	20.3	18.5
25	165	19	25	95	25.4	23.5
30	228	25	32	146	32.4	30.5

（续）

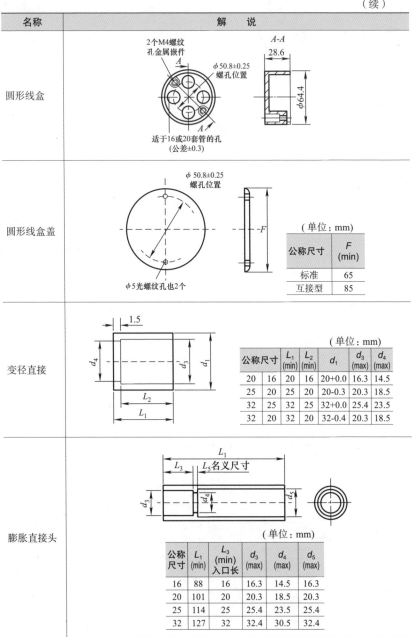

名称	解　说

圆形线盒

2个M4螺纹孔金属嵌件
A
$\phi 50.8\pm0.25$
螺孔位置
A
适于16或20套管的孔（公差±0.3）

$A\text{-}A$
28.6
$\phi64.4$

圆形线盒盖

$\phi 50.8\pm0.25$
螺孔位置
$-F$
$\phi 5$光螺纹孔也2个

（单位：mm）

公称尺寸	F (min)
标准	65
互接型	85

变径直接

1.5
d_4 d_3 d_1
L_2
L_1

（单位：mm）

公称尺寸	L_1 (min)	L_2 (min)	d_1	d_3 (max)	d_4 (max)
20	16	20	16	20+0.0	16.3	14.5
25	20	25	20	20-0.3	20.3	18.5
32	25	32	25	32+0.0	25.4	23.5
32	20	32	20	32-0.4	20.3	18.5

膨胀直接头

L_1
L_3 L_5名义尺寸
d_3 d_4 d_5

（单位：mm）

公称尺寸	L_1 (min)	L_3 (min) 入口长	d_3 (max)	d_4 (max)	d_5 (max)
16	88	16	16.3	14.5	16.3
20	101	20	20.3	18.5	20.3
25	114	25	25.4	23.5	25.4
32	127	32	32.4	30.5	32.4

（续）

名称	解 说
出线接头	

（单位：mm）

套管公称尺寸	D	D_1	D_2	D_0	I	L	d_0	d_1	L_5	H	S
16	M16×1	15.8	16.2	24.3	10	35	12.5	20	3	14	21
20	M20×1.5	19.8	20.2	28.9	10	40	16	24	3	14	25
25	M25×1.5	24.8	25.2	34.6	15	40	21	29	4	16	30
32	M32×1.5	31.8	32.3	42.7	15	45	28	37	4	16	37

直接头

（单位：mm）

公称尺寸	L_1 (min)	d_3 (max)	d_1 (max)
16	33.5	16.3	14.5
20	101	20.3	18.5
25	114	25.4	23.5
32	127	32.4	30.5

1.5公称值

注：以塑料套管为基础。

2.10 PVC 电工套管

PVC 电工套管是一类塑料管材，是以 PVC 树脂为主要原料，加入适量助剂，经混合、挤出、定径、冷却、切割等工艺加工成型。PVC 电工套管是建筑、装修用电安全的保护产品。PVC 电工套管常见规格为 DN16~DN75。家装 PVC 阻燃绝缘电工套管公称外径为 DN16~DN40。

PVC 一项重要的应用，就是作为穿线管用于家装中电线的布置。PVC 管作为阻燃塑料线管，其穿线数量是一定的，也就是直径 20mm 的 PVC 管内，可以穿入 4 根电源线；直径 16mm 的 PVC 管内，可以穿入 3 根电源线。如果 PVC 管多穿入电源线，则会影响电源电路的正常工作、维护工作等。

PVC 管连接要牢固，无缝隙存在。家装顶部布置 PVC 管时，需要将 PVC 管与房顶固定。PVC 管入线时，需要与线盒用锁扣连接。

PVC 电工套管有关图例如图 2-15 所示。

图 2-15 PVC 电工套管有关图例

将绝缘导线穿在管内敷设,称为线管配线

PVC 阻燃管是常用的一种配线线管

线管配线

PVC 阻燃冷弯管配线
黄蜡套管配线

PVC 阻燃冷弯电线管:
具有良好的化学稳定性、耐酸、耐碱、耐油性。保护导线不受墙体水泥等酸碱物质的侵蚀。常用的规格有 16mm、20mm

PVC 穿线管的规格有多种,内壁厚度一般应 ≥ 1mm,长度为 3m 或 4m。PVC 穿线管有红、蓝、绿、黄、白等多种颜色。

如果装修面积较大,一般在地面上布线,要求选用强度较高的重型 PVC 穿线管,如果装修面积较小,一般在墙上或者顶上布线,可以选用普通中型 PVC 穿线管,转角处除了采用同等规格与质量的 PVC 波纹穿线管外,还可以选用转接、三通、四通等成品 PVC 管件。混凝土横梁、立柱处转角时,可以局部采用编织管套,穿线管的转角部位很宽松,还可以使用弯管器加工

图 2-15 PVC 电工套管有关图例(续)

2.11 黄蜡管电工套管

玻璃丝布套管、聚氯乙烯玻璃纤维漆管的俗名黄蜡管。黄蜡管传统的一般以白色为主,主要原料是玻璃纤维,通过拉丝、编织、加绝缘清漆、聚氯乙烯树脂塑化后完成的电气绝缘漆管。

黄蜡管具有优良柔软性、优良弹性、良好介电性、良好耐化学性,机械强度好等特点。

黄蜡管在布线(包括网线、电线、音频线等)过程中,如果需要穿墙、暗线经过梁柱时,导线需要加护、防拉伤、防老鼠咬坏等情况时,需要使用黄蜡管。

黄蜡管不能够作为家装电线的主干电工套管使用。在一些小型简单的店装中,常采用。黄蜡管的使用如图 2-16 所示。

开槽不能太深,黄蜡套管用于混凝土上或房屋顶同线路敷设

图 2-16 黄蜡管的使用

使用黄蜡管需要剪断时,可以使用剪刀来剪断,截面剪口处需要平整、不散乱。选择黄蜡管时,需要注意选择表面平整光滑、不脱落、不起层、不发粘、套管壁间不粘连、光亮、颜色鲜艳、无气泡、不软化、涂层不开裂、不变色、不油污等现象的黄蜡管。

黄蜡管的一些规格见表 2-9。

表 2-9 黄蜡管的一些规格

标准内径 /mm	内径公差 /mm	壁厚 /mm	常见包装	
			m/卷	m/盘
0.5	+0.1	0.18	100	1000
0.8	+0.1	0.18	100	1000
1.0	+0.1	0.18	100	1000
1.5	+0.2	0.18	100	1000
2.0	+0.2	0.18	100	600
2.5	+0.2	0.18	100	500
3.0	+0.3	0.23	100	400
3.5	+0.3	0.23	100	200
4.0	+0.3	0.23	100	200
4.5	+0.3	0.28	100	200
5.0	+0.4	0.28	100	200
5.5	+0.4	0.28	100	200
6.0	+0.4	0.32	100	200
7.0	+0.6	0.32	100	100
8.0	+0.6	0.32	50	100
9.0	+0.6	0.32	50	100
10	+0.8	0.52	50	100
11	+0.8	0.52	25	100
12	+0.8	0.52	25	100
13	+0.8	0.52	25	—
14	+0.8	0.52	25	—
15	+0.8	0.52	25	—
16	+0.8	0.52	20	—
18	+0.8	0.52	20	—
20	+0.8	0.52	20	—
25	+0.8	0.52	20	—
30	+0.8	0.52	20	—

2.12 金属穿线管

金属穿线管可以在强酸性、强碱性、腐蚀性高、有爆炸危险的地方使用，从而保证线路的安全、使用长久。

选择金属穿线管时，应选择表面光滑、流体阻力小、不易产生污垢、不易产生细菌、热膨胀系数低的金属穿线管。

金属穿线管的特点如图 2-17 所示。

金属穿线管是指采用不锈钢、普通碳钢制作的穿线管

不锈钢穿线管多为 304 型或 301 型波纹管
不锈钢穿线管具有良好的柔软性、耐腐蚀性、耐高温、耐磨损、抗拉性

碳钢穿线管为 Q235 型有缝钢管，具有优良的力学性能与抗腐蚀性能，耐压强度高，热膨胀系数小，不收缩变形

金属穿线管

碳钢穿线管不能在特别潮湿，且有酸、碱、盐腐蚀或爆炸危险的空间使用

图 2-17　金属穿线管的特点

正确判断金属穿线管真伪的方法：

（1）优质钢管的组成杂物含量低，因此，具有很高的刚密度。

（2）优质的钢管非常坚硬，不宜被刮坏。

（3）好的金属穿线管的内部直径大小不会有大的变化。

（4）钢管表面易出现裂痕，则说明是劣质钢管。

（5）如果经常出现折叠现象，则说明是劣质钢管。

（6）如果钢管外层有麻面现象，则说明是劣质钢管。

（7）劣质的钢管截面一般是呈现椭圆形状的。

金属穿线管常见的是镀锌穿线管。镀锌穿线管是指对钢管表面通过特殊工艺进行镀锌处理后用来保护线路，防止生锈腐蚀的一种钢管。镀锌穿线管规格见表 2-10。

表 2-10　镀锌穿线管规格

规格		外径 /mm	壁厚 /mm	最小壁厚 /mm	镀锌管（6m 定尺）		焊管（6m 定尺）	
公称内径	英寸				每 m 重 /kg	每 m 重 /kg	每 m 重 /kg	每 m 重 /kg
DN15 镀锌管	1/2	21.3	2.8	2.45	1.357	8.14	1.28	7.68
DN20 镀锌管	3/4	26.6	2.8	2.45	1.76	10.56	1.66	9.96
DN25 镀锌管	1	33.7	3.2	2.8	2.554	15.32	2.41	14.46
DN32 镀锌管	1.25	42.4	3.5	3.06	3.56	21.36	3.36	20.16
DN40 镀锌管	1.5	48.3	3.5	3.06	4.10	24.60	3.87	23.22
DN50 镀锌管	2	60.3	3.8	3.325	5.607	33.64	5.29	31.74
DN65 镀锌管	2.5	76.1	4.0	3.5	7.536	45.21	7.11	42.66
DN80 镀锌管	3	88.9	4.0		8.88	53.28	8.38	50.28
DN100 镀锌管	4	114.3	4.0		11.53	69.18	10.88	65.28
DN125 镀锌管	5	140	4.5		15.942	98.65	15.04	90.24
DN150 镀锌管	6	168.3	4.5		19.27	115.62	18.18	109.08
DN200 镀锌管	8	219.1	6.0 焊管				31.53	189.18
DN200 镀锌管	8	219.1	6.0 镀锌管		36.12	216.7		

2.13 底盒

底盒又叫做暗盒（或者明盒）、接线盒、开关插座盒等多种名称。底盒，如果用于暗敷工艺，则底盒就是暗盒。底盒，如果用于明敷工艺，则底盒就是明盒。

暗盒，顾名思义就是暗地里的盒子，也就是埋在墙里的盒子。底盒有单盒、双联盒、3联盒、4联盒等。一些底盒的特点见表2-11。

表 2-11　一些底盒的特点 （单位：mm）

名称	图　　例
86型通用底盒	 螺钉固定端子可以上下调动，调整安装孔距   接线暗盒是采用聚氯乙烯（PVC）或金属制作的电路连接盒，不同材质的接线暗盒不宜混合使用施工时应根据不同环境选用不同材质的暗盒 优质产品一般质地光滑、厚实，有一定弹性但不变形，优质暗盒的螺钉口为螺纹铜芯外包绝缘材料，保证多次使用不滑口，伪劣暗盒材料质地较粗糙，且边角部位毛刺较多，用力拉扯暗盒侧壁容易变形或断裂  86 型底盒　　双联底盒　　146 底盒　　明装底盒 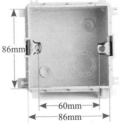 86 暗装底盒尺寸

（续）

名称	图　例

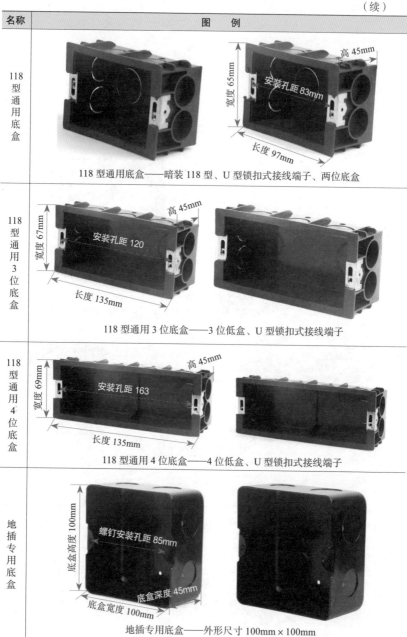

118型通用底盒

高45mm　宽度65mm　安装孔距83mm　长度97mm

118型通用底盒——暗装118型、U型锁扣式接线端子、两位底盒

118型通用3位底盒

高45mm　宽度67mm　安装孔距120　长度135mm

118型通用3位底盒——3位低盒、U型锁扣式接线端子

118型通用4位底盒

高45mm　宽度69mm　安装孔距163　长度135mm

118型通用4位底盒——4位低盒、U型锁扣式接线端子

地插专用底盒

底盒高度100mm　螺钉安装孔距85mm　底盒深度45mm　底盒宽度100mm

地插专用底盒——外形尺寸100mm×100mm

（续）

名称	图　　例

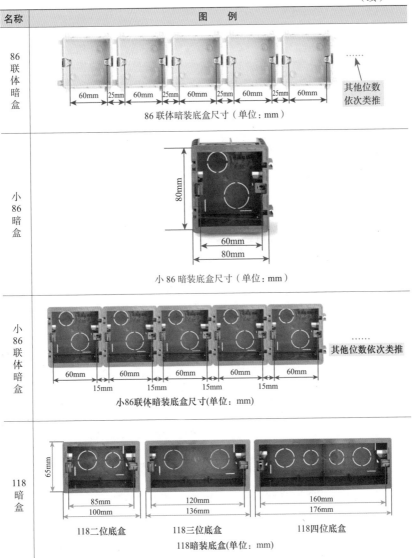

86联体暗盒

86 联体暗装底盒尺寸（单位：mm）
60mm 25mm 60mm 25mm 60mm 25mm 60mm 25mm 60mm
其他位数依次类推

小86暗盒

80mm
60mm
80mm
小 86 暗装底盒尺寸（单位：mm）

小86联体暗盒

60mm 60mm 60mm 60mm 60mm
15mm 15mm 15mm 15mm
其他位数依次类推
小86联体暗装底盒尺寸(单位：mm)

118暗盒

65mm
85mm
100mm
118二位底盒
120mm
136mm
118三位底盒
160mm
176mm
118四位底盒
118暗装底盒(单位：mm)

　　86 型暗盒尺寸，大约 800mm×800mm，面板尺寸大约 860mm×860mm。

　　120 型暗盒分为 120/60 型、120/120 型。其中，120/60 型暗盒尺寸大约 114mm×54mm、面板尺寸大约 120mm×60mm。120/120 型暗盒尺寸大约 114mm×114mm、面板尺寸大约

120mm × 120mm。

八角形暗盒，因有 8 个"角"，因此俗称八角盒，其一般用于建筑灯头线路的驳接过渡使用。

特殊作用的暗盒，因用途不同，其型号、类别种类也多。特殊作用的暗盒主要用于线路的过渡连接。

特制专用暗盒，一般仅供其生产的产品使用。

通常用的都是 86 型暗盒，因大多数面板也适用于 86 型暗盒。因此，选择暗盒时，尽量选择 86 型暗盒，这样后期挑选面板的余地就大一些。

双联、3 联的底盒粗略看起来与 118 的底盒很像，但是它们有个根本的差异：86 底盒的安装孔距一般是 60mm。只要底盒里面的安装孔距是 60mm，不管其多长，则可以肯定是 86 底盒。

底盒，根据材质，可以分为铁盒、PVC 盒。铁盒一般用于公装中，并且铁盒需要配铁管。同时，国家规定用铁盒需要加接地保护线。家装一般用 PVC 管，以及不可能给每个铁盒都接接地线。因此，家装一般选择 PVC 盒。

PVC 线盒，较大的缺点就是老化后，螺钉不牢固，从而造成安全隐患。如果想要更换 PVC 暗盒，则需要砸墙开壁，重新施工，相当麻烦。所以，选择暗盒非常重要，尽量选择质量好的暗盒。开关、插座面板损坏，往往更换方便，很少涉及需要砸墙开壁，重新施工的现象。

选择暗盒的方法如下：

（1）选择采用防冲击、耐高温、阻燃性好、抗腐蚀的绝缘材料制作的线盒。

（2）选择暗盒时，可以采用燃烧、摔踩等方式进行判断。

（3）选择较大的内部空间的暗盒，从而减少电线缠结，利于散热。

（4）选择尺寸精确，包括螺钉间距、标准大小的 6 分管、4 分管接孔等。如果选择尺寸不够精确的暗盒，则可能造成开关插座安装不牢固、暗盒内部漏浆等现象。

（5）选择高质量的螺钉口，以保证多次使用不滑口。

（6）也可以选择一侧螺钉口为一定空间上下活动的暗盒，这样即使开关插座安装上略有倾斜，也能够顺利地固定在暗盒上。

2.14 锁扣

底盒与电工套管的连接，需要采用锁扣。锁扣，也叫做电线套管杯梳。选择锁扣，需要注意材料、规格。锁扣的应用如图 2-18 所示。电管暗装开槽时，注意锁扣的位置需要比电管暗槽开得深一些、宽一些。

锁扣规格 $\phi16$、$\phi20$、$\phi25$、$\phi32$mm，一般是指适用套管的规格，也就是说 $\phi16$ 的锁扣适用 $\phi16$ 的电管，如图 2-19 所示。有的锁扣长度为 37mm。

锁扣：用于线管和底盒的一种器具

图 2-18　锁扣的应用

图 2-18 锁扣的应用（续）

锁扣外观判断：锁扣内外表面应光滑，无明显的气泡、无裂纹、无色泽不均匀等缺陷，端口垂直平整。

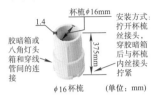

安装方式：拧开杯梳丝接头，穿胶暗箱后与杯梳内丝接头拧紧

胶暗箱或八角灯头箱和穿线管间的连接

杯梳φ16mm
1.4
375mm
φ16 杯梳   （单位：mm）

强电用   弱电用

图 2-19 锁扣规格

2.15 开关

开关本身是开启、关闭的意思。后来，一种能够使电路接通与中断的电器设备叫做开关。装修用的开关常见的是墙壁开关。墙壁开关是安装在墙壁上，用来接通与断开电路，控制灯具与电器的一种开关。墙壁开关可以分为强电墙壁开关与弱电墙壁开关。本节主要介绍强电墙壁开关。

墙壁开关的尺寸常见的有 86 型、118 型。其中 86 型墙壁开关安装孔距一般为 60mm 左右。开关、插座面板安装必须端正、牢固，不允许有松动，而且必须全部有底盒。一般不允许直接装在木头木板上。

常见墙壁开关外形如图 2-20 所示。

一开单控开关　一开双控开关　二开单控开关　二开双控开关　三开单控开关　三开三控开关　四开单控开关　四开双控开关　门铃开关

一开　　二开　　三开　　四开　　二开两联开关加一多功能开关　　浴霸

图 2-20 常见墙壁开关外形

开关的一些分类见表 2-12。

表 2-12　开关的一些分类

分类	解　说
开关的启动方式	拉线开关、倒扳开关、按钮开关、踏板开关、触摸开关等
开关的连接方式	单控开关、双控开关、双极双控开关等
规格尺寸	86 型开关、118 型开关、120 型开关等
地域分布	国内大部分地区使用 86 型开关、一些地区使用 118 型开关、很少地区使用 120 型开关
功能	一开单（双）控开关、两开单（双）控开关、三开单（双）控开关、四开单（双）控开关、声光控延时开关、触摸延时开关、门铃开关、调速调光开关、插卡取电开关等
与插座的关联	单独开关、插座开关
接线	螺钉压线开关、双板夹线开关、快速接线开关、钉板压线开关等
其他	根据材料、品牌、风格、外形特征等又可以分为具体不同的名称、种类开关

一些开关的特点见表 2-13。

表 2-13　一些开关的特点

名称	解　说
单控开关	单控开关是指能够实现在一个地方控制一盏灯的开关
双控开关	双控开关是指在两个不同的地方，能够控制同一盏灯的开闭
荧光开关、LED 开关	荧光开关就是利用荧光物质发光，使得在黑暗处能够看到开关的位置，有利于开启开关的一种开关。该类型的开关，也就是带有荧光指示灯的开关 LED 开关就是其位置指示灯是采用 LED 灯的开关
调光开关、调速开关	调光开关就是能够调节开关控制灯具的亮暗程度的开关。调速开关一般是调节电动机的速度的一类型开关，例如调节吊扇的开关一般采用调速开关 调光开关与调速开关不能够代替使用。如果调光开关用来调速，则容易损坏电动机。如果调速开关用来调光，则调光效果差外，调节范围也窄
延时开关	延时开关是在开关中安装了电子元件达到延时功能的一种开关。延时开关又分为声控延时开关、光控延时开关、触摸式延时开关等类型
多联开关	多联开关就是一个开关上有几个按键，可以控制多处灯的开关

一些墙壁暗装开关图解特点见表 2-14。

表 2-14　一些墙壁暗装开关图解特点

名称	图　解
单控开关	【商品名称】 一开单控 【材质用料】 PC 阻燃材料、优质铜材 【颜　色】 香槟金 【详细尺寸】 86mm × 86mm 【安装孔距】 60mm 【额定电流】 10A 【适用空间】 客厅 / 书房 / 厨房 / 卧室 / 浴室

（续）

名称	图 解
多位开关	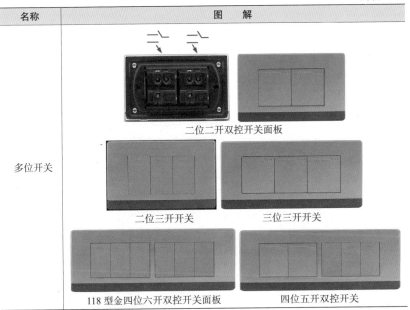

表 2-15 开关的一些主要参数

名称	解 说
额定电压	额定电压是指开关在正常工作时所允许的安全电压。如果加在开关两端的电压大于该值，会造成开关触点间打火击穿
额定电流	额定电流是指开关接通时所允许通过的最大安全电流。如果超过该值时，开关的触点会因电流过大而烧毁
绝缘电阻	绝缘电阻是指开关的导体部分与绝缘部分的电阻值。其绝缘电阻值一般应在 100MΩ 以上
接触电阻	接触电阻是指开关在开通状态下，每对触点间的电阻值。其一般要求在 0.1~0.5Ω 以下。该值越小越好
耐压	耐压是指开关对导体及地间所能承受的最高电压
寿命	寿命是指开关在正常工作条件下，能操作的次数。开关寿命一般要求在 5000~35000 次左右

开关的一些主要参数见表 2-15。

2.16 明装开关

　　明装开关就是线与开关都在墙面外，不需要预先埋线、埋管。明装开关的选择，应选择接线空间大、通用性强的、安装方便的、底座突出易安装易拆卸的等特点的明装开关。

　　一些明装开关的特点见表 2-16。

表 2-16　一些明装开关的特点

名　称	图　例
86 型明装一开单控开关	
86 型明装墙壁二开单控开关	
86 明装二开双控面板	实质上就是 2 个一进两出
86 明装三联单控电源开关	
86 明装三联三开双控开关	
86 明装四开单控开关	
86 明装四开双控开关面板	

2.17　开关线路图

一些开关线路图见表2-17.

表 2-17　一些开关线路图

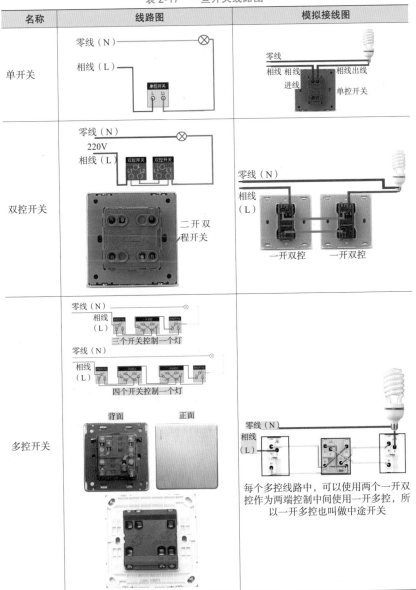

2.18 插座概述

插座是指可以实现电路接通的可插入的座。插座有开关插座、连接插座等类型。装修中常见的插座有电源开关插座、电视连接插座、网络连接插座、信号连接插座等，也就是常见的插座有强电插座与弱电插座。强电用材主要是指强电插座。

插座的种类见表 2-18。

表 2-18　插座的种类

名称	解　说
漏电保护插座	漏电保护插座是指具有对漏电流检测与判断，以及能够切断回路的一种电源插座。其额定电流一般为 10A、16A，漏电动作电流 6~30mA
25A 三相四线插座	25A 三相四线插座一般在办公等场所采用，家装一般是单相电源，因此，不能选择
多功能插座	多功能插座是一种适用国标、美式、英式、德式等几乎所有国家的插头能够插入的一种插座

一些插座的外形如图 2-21 所示。

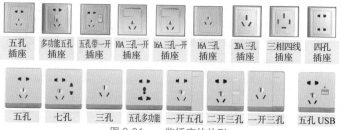

五孔插座　多功能五孔插座　五孔带一开插座　10A三孔一开插座　16A三孔一开插座　16A三孔插座　20A三孔插座　三相四线插座　四孔插座

五孔　七孔　三孔　五孔多功能　一开五孔　二开三孔　一开三孔　五孔USB

图 2-21　一些插座的外形

2.19 插座结构

插座结构如图 2-22 所示。

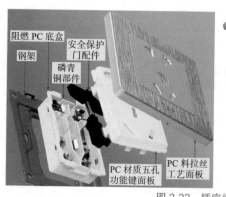

阻燃 PC 底盒　安全保护门配件　钢架　磷青铜部件　PC 材质五孔功能键面板　PC 料拉丝工艺面板

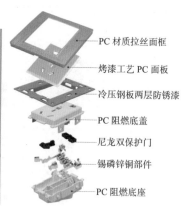

PC 材质拉丝面框　烤漆工艺 PC 面板　冷压钢板两层防锈漆　PC 阻燃底盖　尼龙双保护门　锡磷锌铜部件　PC 阻燃底座

图 2-22　插座结构

第三层 ← 罩光层（保护强）

第二层 ← 颜色层（金属质感）

第一层 ← 底漆层（附着力强）

本体层 ← 本体层（进口 PC）

1.3mm 厚冷压钢板 　　　　　开关面板层

图 2-22　插座结构（续）

一些插座的特点如图 2-23 所示。

家中常用的电器都是普通的 10A 以下电流
16A 的三孔插座满足家庭空调或其他大功率电器
2.5~3P 的柜机空调，需要使用 20A 插座
再大功率的空调需用 25A 插座

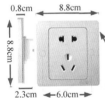

尺寸	88mm×86mm×25mm
颜色	拉丝金
工艺	烤漆、压铸
材质	阻燃PC料
安装	铜制内件
孔距	60mm
适用	别墅、个性
场所	家居、办公

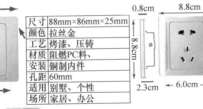

尺寸	88mm×86mm×25mm
颜色	香槟金
工艺	烤漆、压铸
材质	阻燃PC料
安装	铜制内件
孔距	60mm
适用	别墅、个性
场所	家居、办公

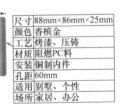

锡磷青铜采用无铆接一体成型压铸，导电
能力更强，防止插座过热带来的安全隐患

双板压线接线方式不损导线可同时
满足2mm和4mm电线适应软线及硬线

导线　　　导线

双板压线接线示意

"紧致保护门"和"单边自锁"
双重保护，有效防止单级插入

图 2-23　一些插座的特点

暗装插座连接特点如图 2-24 所示。

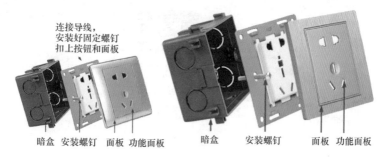

连接导线，
安装好固定螺钉
扣上按钮和面板

暗盒　安装螺钉　面板　功能面板　　　　暗盒　　　安装螺钉　　　面板　功能面板

图2-24　暗装插座连接特点

插座的选择：电冰箱或空调等大功率家电使用的插座(一般不设开关)，通常选用电流值大于10A的单插座。三匹柜式空调一般选择20A和32A插座。一般的挂机空调选择16A。

特色装饰需要选择不同颜色面板的插座，一般情况下只选择白色的面板插座即可。10A插座与16A插座的比较如图2-25所示。

16A插座与10A插座区别如下：

（1）外观区别——10A的为五眼插：1个三眼插、1个二眼插。16A是一个三眼插，且比10A三眼插宽一些。

（2）承受范围——16A的插座可以承受3000W以内的电器功率。

10A的插座功率最好控制在1800W以内。

（3）使用区别——16A的插头与10A插头不通用。10A插头插不进16A插座里。16A插头也插不进10A插座里。

（4）插座金属——16A插座承载电流量大于10A插座，所用铜比较多。10A插座用铜比较少。

用16A插座的电器有：空调、电磁炉、热水器等常用的大功率电器。

墙壁插座一般采用的是螺钉锁线，但也有锁线方式采用的是卡线。86型插座的尺寸就是其宽度为86mm×86mm。

10A插座和16A插座的区别

10A插座

16A插座

功率上的区别 → 10A插座额定功率为2500W，用于家用普通电器，如电视、冰箱等
16A插座额定功率为4000W，用于大功率电器，如空调、微波炉等

外形区别 → 16A插座适用于16A的插头，10A的插座适用于10A的插头，16A插座的插口要大于10A的插座的插口

图2-25　10A插座与16A插座的比较

2.20　开关插座选择的细节

开关插座选择的一些细节如图2-26所示。

采用超大接线孔，最大支持6mm²大导线接入，也能同时插入两根4mm²电线

双孔压板接线避免多线缠绕

选择超大孔距接线端子，满足各种接线方案

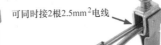

可接1根4mm²电线　　可同时接2根2.5mm²电线

一体成型，弹性好，导电强

选择超厚磷青铜铜件

有的0.7mm厚度

超紧实插认夹片正常使用基本不会松垮

选择具有儿童安全门的

插座保护门双重安全设计，防止单级插入，处于自锁状态，不能接触插座内的铜件，杜绝将金属物体插入，导致触电危险

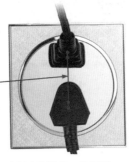

选择超宽孔距

二三插超宽孔距，上下插头可以同时插入使用，满足不同需求

图 2-26　开关插座选择的一些细节

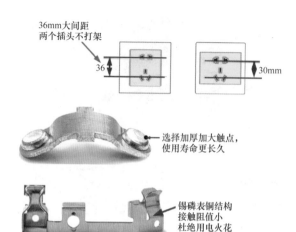

36mm大间距
两个插头不打架

36

30mm

选择加厚加大触点，
使用寿命更长久

锡磷表铜结构
接触阻值小
杜绝用电火花

单控和双控的区别

单级就是普通开关，有一个开关闭合点，闭合点接触，电路通，分开，电路断。
双路就是有两个闭合点，开关在两条线路中间进行择一接触。
双路开关主要用于双控用途。
双控可以当单控用，而单控不能当双控用。

单控

双控

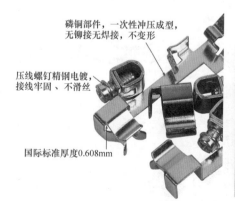

磷铜部件，一次性冲压成型，
无铆接无焊接，不变形

压线螺钉精钢电镀，
接线牢固、不滑丝

国际标准厚度0.608mm

开关采用荧光显示
方便夜晚识别

图 2-26　开关插座选择的一些细节（续）

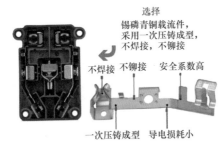

选择
锡磷青铜载流件，采用一次压铸成型，不焊接，不铆接

不焊接　不铆接　安全系数高

一次压铸成型　导电损耗小

为防止瞬间通断引发的电弧燃火隐患，国家规定电气间隙不小于3mm

大电气间隙更安全

图 2-26　开关插座选择的一些细节（续）

2.21　开关插座标识

开关插座一些标识如图 2-27 所示。

拉丝工艺　　　烤漆面板　　　荧光效果　　　钢架结构

安全防护　　　3C安全认证　　　PC阻燃

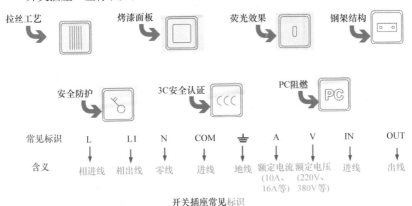

常见标识	L	L1	N	COM	⏚	A	V	IN	OUT
含义	相进线	相出线	零线	进线	地线	额定电流 (10A、16A等)	额定电压 (220V、380V等)	进线	出线

开关插座常见标识

图 2-27　开关插座一些标识

2.22　插座模块

插座模块便于组装。插座模块具有多种位数，根据实际情况来选择。另外，插座模块可以实现一位插座采用宽底盒特点，从而有利于底盒容纳更多的电线。

插座模块的图例如图 2-28 所示。

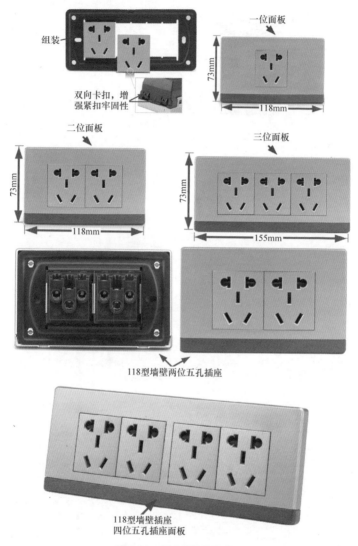

图 2-28 插座模块的图例

2.23 混合模块

混合模块就是具有插座、开关、强插、弱插等多种组合的模块。混合模块，其实就是把单个模块进行混合组拼而成，灵活性强。

单个模块与混合模块图如图 2-29 所示。

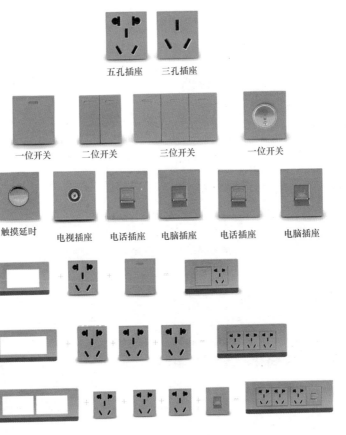

组装范例

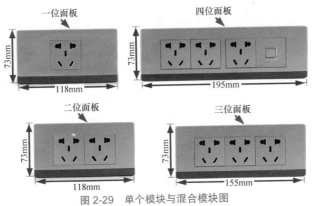

图 2-29　单个模块与混合模块图

二位一开双控+二三插五孔电源插座

四位二插十孔+电话电脑

插座面板118型四位电视带九孔15孔三插插座

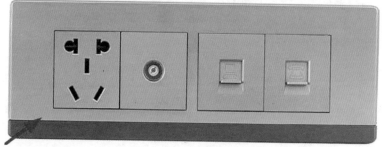

电话电脑二位五孔插座

图 2-29　单个模块与混合模块图（续）

2.24　地插

　　地插就是地插座、地面插座、地上插座的简称。地面插座是安装于地上的一种插座，从而摆脱了拖线插座的乱拉带来的安全隐患，以及使用起来安全、方便、美观。地面插座的种类有多种，常见的有弹起式、旋开式、开启式、滑动式等。

弹起式地插外面有个能够拨动的按钮，波动按钮内部的地插座会慢慢上升。

旋开式地插的打开方式就像一个瓶盖，旋开外部的盖板，下面就是插座。

开启式地插跟弹起式地插开启方式差不多，只不过开启式地插的打开，内部的插座不会弹起来。

滑动式地插常见的类型有一个盖板的、两个盖板的。单个的盖板是向一侧滑动，两个盖板的是向两边滑动。

地插，根据制作的常见材料，可以分为全铜地插、不锈钢地插，其中全铜地插使用范围较广。根据尺寸，地插可以分为120型地插、127型地插、146型地插、180型地插、双86型地插、双146型地插等，其中使用最广的是120型弹起式地插。

地插类型，还分为通用型、阻尼型，地插与118插座一样，也有组合式、单联、双联等类型。单联地插座有三位、六位等种类，双联地插的模块应用则为多元化。

一些地插的特点见表2-19。

表2-19　一些地插的特点

名称	图　解
五孔地插座	 外形尺寸——120mm×120mm 安装孔距——80~85mm 额定参数——10A、250V 接线端子——螺旋式 类型——弹起式地面插座
弹起式二三插、10A、十孔地板地面插座	 外形尺寸——120mm×120mm 安装孔距——80~85mm 接线端子——螺旋式 类型——弹起式地面插座

（续）

名称	图　解
二三插、五孔＋电脑地面插座	外形尺寸——120mm×120mm 安装孔距——80~85mm 额定参数——10A、250V 接线端子——螺旋式 类型——暗装弹起式地面插座
二三插五孔＋电话地面插座	外形尺寸——120mm×120mm 安装孔距——80~85mm 额定参数——10A、250V 接线端子——螺旋式 类型——暗装弹起式地面插座
二三插五孔＋电话插座	外形尺寸——120mm×120mm 安装孔距——80~85mm 额定参数——10A、250V 接线端子——螺旋式 类型——暗装弹起式地面插座

地插的选择方法如图2-30所示。

识别地插零线、相线的一些方法如下：

（1）从插座正面看，无论是三孔还是两孔插座，均是左零右相。

（2）从插座背面看，插座L标志接的电线是相线，N标志接的电线是零线。一般相线为红色或桔色电线，零线一般用蓝色电线，黄绿叠加线一般为地线（该识别方法只能够针对正规接线的情况，才能够适应）。

地面插座是专用于地面安装的插座
地面插座一般为多功能插座

地面插座一般安装在空间面积较大的地面上，
方便各种电器设备随时取电

优质面板多采用PC(防弹胶)。
普通产品多为ABS(工程塑料)。
劣质产品采用普通塑料

优质产品在开半时比较有阻力感，普通产品则非常软。
优质产品的内部插片或拨片应为纯铜，颜色编红，质地厚重。
较差的产品多采用黄铜，偏黄色，质地软且易氧化变色

鉴别是否为镀铜铁片可以采用磁铁，能吸住的是铁片，
采用镀铜铁片的产品极易生锈变黑

图 2-30　地插的选择方法

（3）万用表测量法检测——选择万用表选电压的250V、500V档，然后一只表笔插入插座某一孔中，一只表笔接触墙壁（也就是接地）。如果万用表为50V及以上电压显示时，则表笔插入插孔的那一根线就是相线。反之则为零线。

（4）使用验电笔检测——用验电笔测试时，相线氖炮亮，零线不亮。

弹起式地插的接线步骤如下：

（1）首先开启地面插座，再用螺钉旋具打开螺钉。

（2）然后取下顶盖。

（3）拉出模块端接面板。

（4）然后进行线缆端接。

（5）然后进行线缆打接。

（6）然后进行模块与面板的端接。

（7）然后将端接好的面板插回地面插座。

（8）最后装好顶盖，也就是地面插座端接完成。

2.25　家装开关与插座的应用

家装开关与插座的应用如图2-31所示。

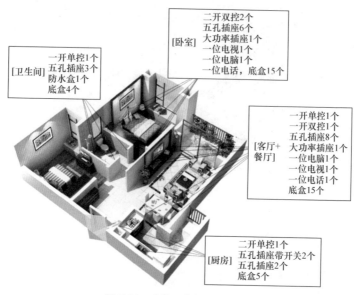

[卫生间]
一开单控1个
五孔插座3个
防水盒1个
底盒4个

[卧室]
二开双控2个
五孔插座6个
大功率插座1个
一位电视1个
一位电脑1个
一位电话1个，底盒15个

[客厅+餐厅]
一开单控1个
一开双控1个
五孔插座8个
大功率插座1个
一位电脑1个
一位电视1个
一位电话1个
底盒15个

[厨房]
二开单控1个
五孔插座带开关2个
五孔插座2个
底盒5个

图 2-31 家装开关与插座的应用

2.26 家装各种开关插座安装高度

家装各种开关插座安装参考高度如图 2-32 所示。

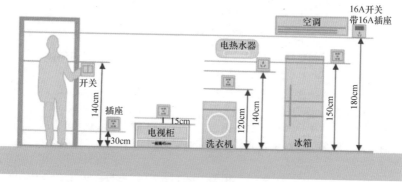

图 2-32 家装各种开关插座安装参考高度

2.27 明装插座

明装插座是不用另配底盒，其是面板与安装盒一起的。明装最后效果时，连安装盒子与面板都是露在外面，能够看到安装盒。暗装最后效果，只能够看到插座面板，而安装盒在墙里看不到。

明装插座的种类多，一些明装插座的特点见表2-20。

表2-20　一些明装插座的特点

名称	图　解
86型 五孔明 装插座	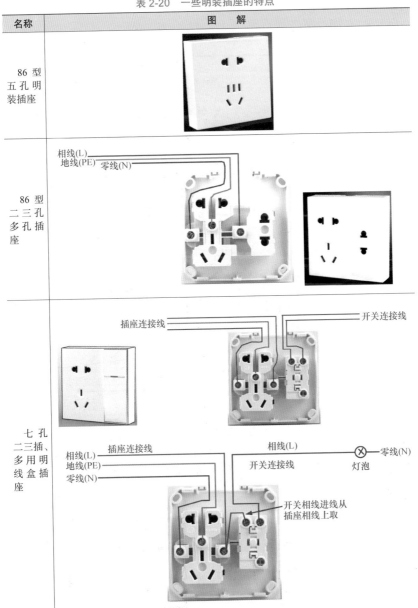
86型 二三孔 多孔插 座	
七孔 二三插、 多用明 线盒插 座	

（续）

名称	图　解

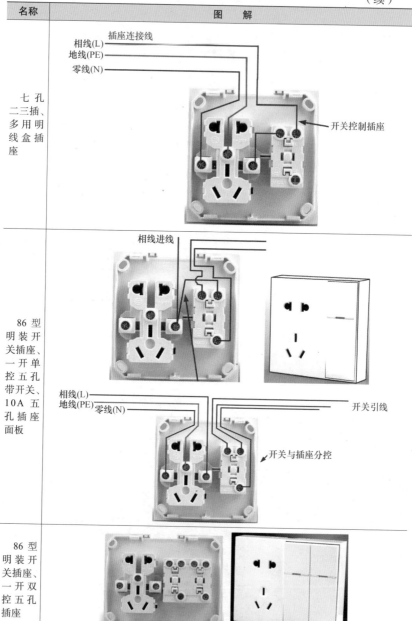

七孔二三插、多用明线盒插座

插座连接线
相线(L)
地线(PE)
零线(N)
开关控制插座

86型明装开关插座、一开单控五孔带开关、10A五孔插座面板

相线进线

相线(L)
地线(PE)
零线(N)
开关引线
开关与插座分控

86型明装开关插座、一开双控五孔插座

（续）

名称	图 解
86型明装开五孔双控插座	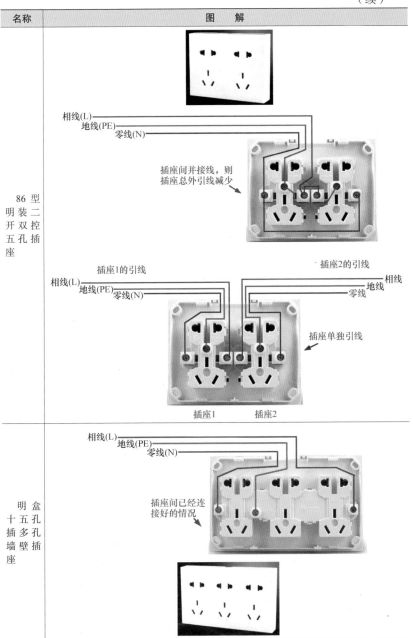
明十插墙五孔盒多壁插座	

相线(L)
地线(PE)
零线(N)

插座间并接线，则插座总外引线减少

插座1的引线
插座2的引线
相线(L)
地线(PE)
零线(N)
相线
地线
零线

插座单独引线

插座1 插座2

相线(L)
地线(PE)
零线(N)

插座间已经连接好的情况

（续）

名称	图　解

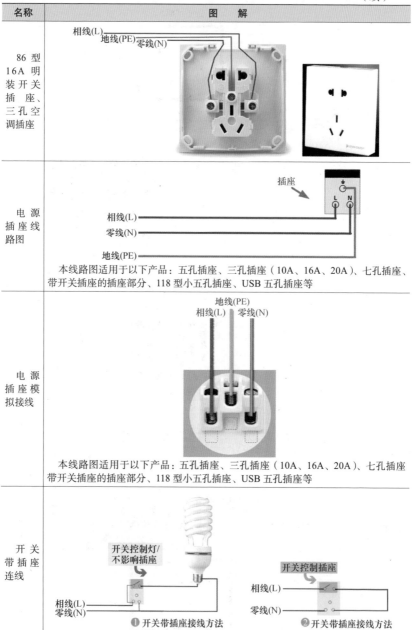

相线(L)　地线(PE)　零线(N)

86型16A明装开关插座、三孔空调插座

电源插座线路图

插座　L　N

相线(L)
零线(N)
地线(PE)

本线路图适用于以下产品：五孔插座、三孔插座（10A、16A、20A）、七孔插座、带开关插座的插座部分、118型小五孔插座、USB五孔插座等

电源插座模拟接线

地线(PE)
相线(L)　零线(N)

本线路图适用于以下产品：五孔插座、三孔插座（10A、16A、20A）、七孔插座带开关插座的插座部分、118型小五孔插座、USB五孔插座等

开关带插座连线

开关控制灯/不影响插座

相线(L)
零线(N)

❶开关带插座接线方法

开关控制插座

相线(L)
零线(N)

❷开关带插座接线方法

（续）

名称	图 解
开关带插座连线	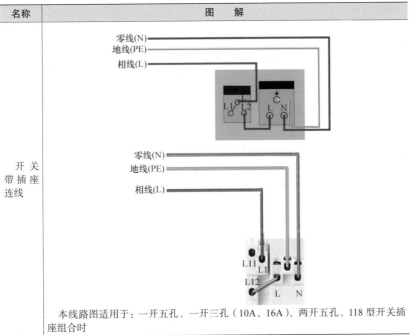 本线路图适用于：一开五孔、一开三孔（10A、16A）、两开五孔、118 型开关插座组合时

插座的接线特点如图 2-33 所示。注意：明装插座的接线往往是在插座底座上，而暗装插座的接线往往是在插座面板上。

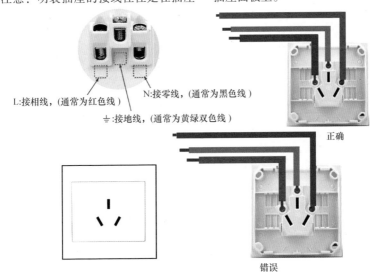

L:接相线，（通常为红色线）
N:接零线，（通常为黑色线）
⏚:接地线，（通常为黄绿双色线）

正确

错误

图 2-33 插座的接线特点

2.28 明装插座安装

明装插座安装特点如图 2-34 所示。

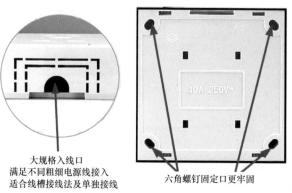

大规格入线口
满足不同粗细电源线接入
适合线槽接线法及单独接线

六角螺钉固定口更牢固

图 2-34　明装插座安装特点

2.29 防水盒

防水盒又叫做防溅盒、防溅面罩等。插座防溅盒与开关防溅盒不同。有的开关防溅盒不需要掀开盖子，可以直接按动开关。双 86 型开关插座面板，一般需要采用双连体防水盒。

防水盒外形如图 2-35 所示。有的防溅盒盖子卡扣具有 15°~90° 随意停的特点，不同的防溅盒具体细节有差异，一些防水盒的特点如图 2-36 所示。

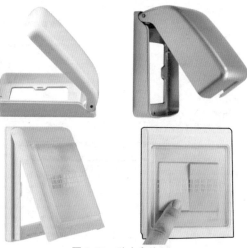

图 2-35　防水盒外形

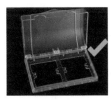

大角度开合，方便安
装及日常使用

打开角度90°
安装和使用时不方便

海绵底垫，更贴合墙面，吸附力强
密封性强，防水更好

双出线孔设计闭合自然
单出线孔无法完全盖上

三排卡扣连接，上下盖体更牢固不脱落
双卡扣，连接单薄，稍微用力就断掉

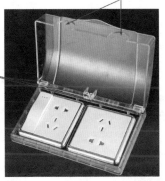

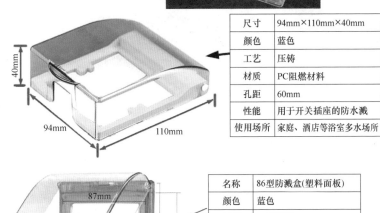

尺寸	94mm×110mm×40mm
颜色	蓝色
工艺	压铸
材质	PC阻燃材料
孔距	60mm
性能	用于开关插座的防水溅
使用场所	家庭、酒店等浴室多水场所

名称	86型防溅盒(塑料面板)
颜色	蓝色
材质	PC阻燃料
外部尺寸	96mm×109mm×43mm
内部尺寸	87mm×90mm
孔距	56mm

图 2-36 一些防水盒的特点

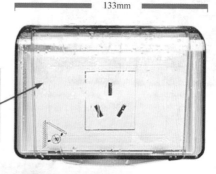

名称	防水盒(不包含三孔插座)
面板材料	PC塑料
外形尺寸	133mm×95mm×40mm
安装孔距	83mm×85mm

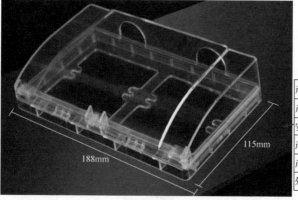

产品类型	双86型
产品材质	PC阻燃材质
安装孔距	60mm
产品工艺	压铸
产品配件	海绵垫
外观尺寸	188mm×115mm

图 2-36　一些防水盒的特点（续）

2.30 断路器

断路器又称为保护器、漏电保护器。其基本原理为：如果工作电流超过其额定电流，以及发生短路、失电压等情况下，断路器会自动切断电路。常用的断路器是当漏电电流超过30mA时，漏电附件自动拉闸，保护人体安全。

断路器有单相的断路器、三相的断路器，家装断路器基本上选择单相的断路器。单相断路器额定电流有6A、10A、16A、20A、25A、32A、40A、50A、63A等。额定电压有230V、400V AC等。接线能力 $I_n \leqslant 32A$ 一般

适用于 $10mm^2$，$I_n \geqslant 40A$ 一般适用于 $25mm^2$。

家装单相断路器属于小型断路器，常选择照明配电系统（C型）的，用于交流50Hz/60Hz，额定电压400V或者230V的。另外，家装单相断路器也可以在正常情况下不频繁地通断电器装置与照明线路。

小型断路器安装方式一般是35mm轨宽安装。

断路器的一些分类如图2-37所示。

按极数和电流回路可分为：
┌ 单极二线剩余电流动作断路器用1P+N表示；
├ 二极剩余电流动作断路器用2P表示；
├ 三极剩余电流动作断路器用3P表示
├ 三极四线剩余电流动作断路器用3P+N表示
└ 四极剩余电流动作断路器用4P表示；四极中中性级(N级)的型式分四种

A型:N极不安装过电流脱扣器，且N极始终接通，不与其他三极一起合分
B型:N极不安装过电流脱扣器，且N极与其他三极一起合分(N级先合后分)
C型:N极不安装过电流脱扣器，且N极与其他三极一起合分(N级先合后分)
D型:N极不安装过电流脱扣器，且N极始终接通,不与其他三极一起合分

断路器
├ 按瞬时脱扣器特性分：
│   ■ B型:$(3-5)I_n$
│   ■ C型:$(5-10)I_n$
│   ■ D型:$(10-16)I_n$
├ 按壳架等级电流分：┌ 32A
│   └ 63A
├ 按保护种类分：┌ 有带过电压保护
│   └ 不带过电压保护
├ 按额定剩余动作电流分：┌ 0.03A
│   ├ 0.05A
│   ├ 0.1A
│   └ 0.3A
├ 按接线方式分为：┌ 板前接线：断路器；
│   ├ 板后接线：断路器
│   └ 插入式接线：断路器；
├ 按过电流脱扣器型式分：┌ 热动-电磁(复式)型：断路器
│   └ 热动(瞬时)断路器
└ 按断路器是否带附件分带附件和不带附件两种：┌ 附件内部附件:内部附件有分励脱扣、欠电压脱扣器、辅助触头、报警触头4种
                                              └ 附件外部附件:外部附件有转动手柄操作机构、电动操作机构、联锁机构及辅助装置的接线端子排等

图 2-37　断路器的一些分类

断路器的内部结构与外形特点如图 2-38 所示。

断路器又称为空气断路器，
断路器是指开关触头在
大气压力下能分合的断路器，
其绝缘介质为空气

图 2-38　断路器的内部结构与外形特点

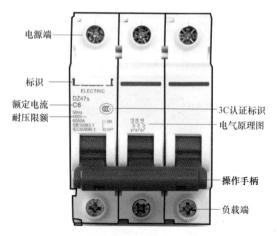

电源端

标识

额定电流
耐压限额

3C认证标识
电气原理图

操作手柄

负载端

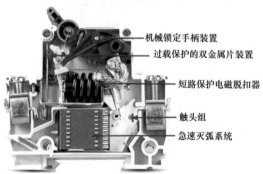

机械锁定手柄装置

过载保护的双金属片装置

短路保护电磁脱扣器

触头组

急速灭弧系统

1P只占一
个回路位置
10A~63A

2P只占两
个回路位置
10A~63A

3P只占三个回路位置
32A、63A

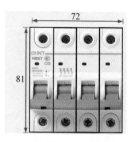

4P只占四个回路位置
32A、63A

图 2-38 断路器的内部结构与外形特点（续）

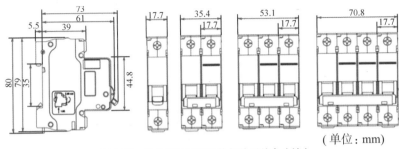

（单位：mm）

图 2-38 断路器的内部结构与外形特点（续）

一些断路器的外形尺寸见表 2-21 所示。

表 2-21 一些断路器的外形尺寸

型号	1P-10	1P-16	1P-20A	1P-20A	1P-63A	2P-32A	2P-63A
额定电流 /A	10	16	20	32	63	32	63
额定电压 /V	230/440	230/400	230/400	230/400	230/400	400	400
额定功率 /W	2300	3680	4600	7360	14490	12800	25200
产品尺寸 /mm	80×18 ×75	80×18 ×75	80×18 ×75	80×18 ×75	80×18 ×75	80×36 ×75	80×36 ×75

2.31 断路器的选择

现代家居用电一般分照明回路、电源插座回路、空调回路等分开布线，这样当其中一个回路出现故障时，其他回路仍可以正常供电。为保证用电安全，因此，每回路与总干线需要选择正确的、恰当的断路器。家居用电中除了配电箱里使用外，其他场所也可能应用。

断路器选择的一些方法与要点如下：

（1）断路器的种类多，有单极（1P）、二极（2P）、三极（3P）、四极（4P）。家庭常用的是二极与单极断路器，一些断路器外形与选择如图 2-39 所示。

采用双极或1P+N（粗线+中性线）断路器
当线路出现短路或漏电故障时，立即切断电源的相线和中性线，确保人身安全及用电设备的安全

选择断路器：住户配电箱总开关一般选择双极32A、63A小型断路器或隔离开关，照明回路一般选10～16A 小型断路器。插座回路一般选择 16～20A的漏电保护断路器。空调回路一般选择16～25A的小型断路器

图 2-39 一些断路器的外形与选择

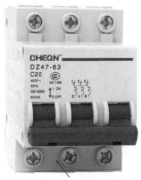

1P、2P、3P区别?

1P(单极) ──▶ 相线断开,一般适用于220V的照明回路

2P(双极) ──▶ 相线和零线同时断开,一般适用于带漏电保护220V的插座回路

3P(三极) ──▶ 三相线(相线/零线/地线)全部断开,适于控制380V的动力回路

优质断路器的外壳应坚硬、牢固,棱角
锐利,接缝处密密、均匀、自然

用手开启、关闭开关,具有较强阻力,
声音干脆且浑厚,无任何松动感

仔细闻断路器的部件,稳定性质产品应无任何刺鼻气味

选择断路器时,应选择比实际电流小的配置

住户配电箱总开关一般选择能同时断开相线和中性线的32～63A小型断路器,带不带漏电均可。

照明回路一般选择10～16A的小型断路器。

空调回路中,1匹～1.2匹的一般选择16～25A的小型断路器;

3匹～5匹的柜机需要25～32A的小型断路器;

10匹左右的中央空调就需要独立的2P40A左右的小型断路器

以上选择仅供参考,具体根据每户实际用电电器功率选择

图2-39 一些断路器的外形与选择(续)

(2)一般家庭用断路器可选额定工作电流为16~32A。

(3)家庭配电箱总开关一般选择双极32~63A的。

(4)照明回路一般10~16A的小型断路器。

(5)插座回路一般选择16~20A的小型断路器。

（6）空调回路一般选择 16~25A 的小型断路器。

（7）选择的断路器的额定工作电压需要大于或等于被保护线路的额定电压。

（8）断路器的额定电流需要大于或等于被保护线路的计算负载电流。

（9）断路器的额定通断能力需要大于或等于被保护线路中可能出现的最大短路电流，一般按有效值计算。

（10）电压型漏电保护器基本上被淘汰。一般情况下，优先选择电流型漏电保护器。

（11）断路器具体选择，需要根据实际要求与装修差异来定。

（12）需要选择合格的漏电保护器。

（13）在浴室、游泳池等场所漏电保护器的额定动作电流不宜超过10mA。

（14）在触电后可能导致二次事故的场合，需要选用额定动作电流为6mA 的漏电保护器。

（15）一般安装 6500W 热水器要选择 C32A 的小型断路器。

（16）一般安装 7500W、8500W 热水器需要选择 C40A 的小型断路器。

（17）一般家庭配电箱断路器选择原则：照明小，插座中，空调大的原则。空调用断路器的选择方法如图 2-40 所示。

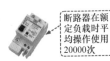

断路器在额定负载时平均操作使用20000次

1匹=735W≈750W
1.5匹=1.5×750W=1125W
2匹=2×750W=1500W
2.5匹=2.5×750W=1875W

计算方法以此类推
例:5匹的空调就选择多少A的断路器?(380V电压)
5匹×750W=3750W×3倍(冲击电流)=11250W÷380
=29.60≈32A(功率÷电压=电流)

图 2-40　空调用断路器的选择方法

家居中的断路器接线完毕投入使用前，需要通过操作漏电断路器上的试验按钮，模拟检查发生漏电时能否正常动作。即按动断路器上的试验按钮，断路器应能瞬时跳闸切断电源。试验时，需

要在确保安全的情况下进行。

以后在使用过程中，告诉业主需要定期（一般是每 1 个月 1 次）操作试验按钮，检查漏电断路器的保护功能是否正常。

2.32 强配电箱

家居配电箱分强电配电箱、弱电配电箱。强电配电箱是指分配、控制强电的电气控制箱。家居强配电箱的规格有 12 位、16 位、20 位、24 位等。一位等于一个 1P 断路器或一个 DPN 断路器的宽度（大约 18mm）。强配电箱的图例如图 2-41 所示。

强配电箱一般选择铁壳或者塑壳的，大小需要考虑箱内回路数量与预

留开关数量。

选择强电箱时，需要考虑是需要明装强电箱，还是需要暗装强电箱，室内配电箱，还是室外配电箱。然后是强电箱回路数。回路数常见的有 8、9、10、13、16、18、20、23 路等。明装强电箱与暗装强电箱如图 2-42 所示。

一些强电箱的尺寸见表 2-22。

一般住宅用电都要用5个回路：
空调专用线路、卫生间专用线路、
厨房专用线路、普通照明用电线路、
普通插座用电线路

这样一旦某一线路发生短路或其他问题时，
停电的范围小，不会影响其他几路的正常
工作

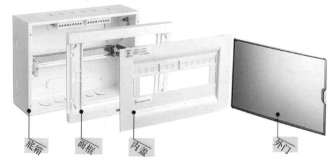

底箱　　面框　　内盖　　　　　　外门

图 2-41　强配电箱的图例

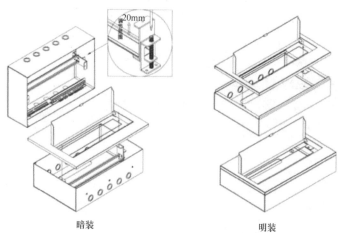

暗装　　　　　　　　　　　明装

图 2-42　明装强电箱与暗装强电箱的图例

表 2-22　一些强电箱的尺寸

名称	图　例
强电箱 1	 [系列]：明装系统 [名称]：13回路强电箱 [颜色]：白色 [箱底尺寸]：325mm×210mm×95mm [底盒尺寸]：325mm×210mm×72mm [位数]：13回路
强电箱 2	 [名称]：13回路配电箱 [箱体材质]：镀锌钢板 厚度1.0mm [盖板材质]：阻燃PC [额定电压]：400V AC [箱体尺寸]：309mm×220mm×90mm [外门尺寸]：339mm×253mm×22mm
强电箱 3	 [规　格]：16回路 [颜　色]：雅白 [箱体材质]：冷轧钢板厚度0.7mm [面板尺寸]：375mm×210mm×22mm [箱体尺寸]：355mm×190mm×55mm

（续）

名称	图　　例
强电箱 4	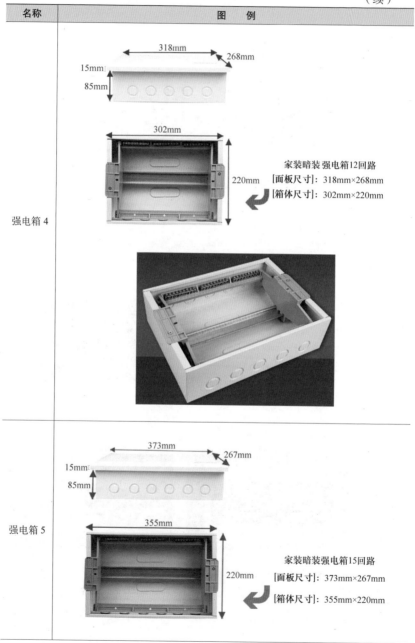

家装暗装 强电箱12回路
[面板尺寸]：318mm×268mm
[箱体尺寸]：302mm×220mm

318mm 268mm 15mm 85mm
302mm 220mm

373mm 267mm 15mm 85mm
355mm 220mm

家装暗装强电箱15回路
[面板尺寸]：373mm×267mm
[箱体尺寸]：355mm×220mm

强电箱 5

（续）

名称	图例
强电箱 6	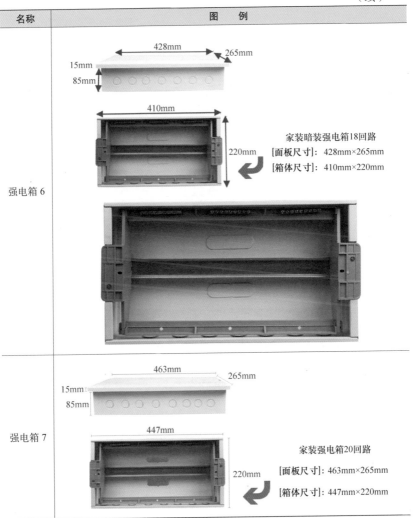
强电箱 7	

强电箱 6 图例说明：

428mm　265mm　15mm　85mm　410mm　220mm

家装暗装强电箱18回路
[面板尺寸]：428mm×265mm
[箱体尺寸]：410mm×220mm

强电箱 7 图例说明：

463mm　265mm　15mm　85mm　447mm　220mm

家装强电箱20回路
[面板尺寸]：463mm×265mm
[箱体尺寸]：447mm×220mm

　　PZ30 系列配电箱（箱体）主要结构部件有透明罩、上盖箱体、卡轨、接线端子等。其内装电器开关元件，一般采用宽度 9mm 摸数的电器，安装在卡轨上。PZ30 系列配电箱，也可以根据需要任意组合。PZ30 系列配电箱箱体分为明装配电箱、暗装配电箱两种，面板材料有普通钢板、不锈钢板、平塑表面喷塑、灰桔皮表面喷塑等。PZ30 系列配电箱尺寸见表 2-23。

表 2-23　PZ30 系列配电箱尺寸

暗装	总回路	外形尺寸 /mm			备注
		H	W	D	
	4	175	165	80	单排
	6	240	195	90	
	8	240	230	90	
	10	240	270	90	
	12	240	305	90	
	15	240	365	90	
	18	240	415	90	
	20	240	270	90	双排
	24	450	305	90	
	30	450	360	90	
	36	450	415	90	
	45	650	360	90	三排

选择配电箱时，尽量选择具有面盖自锁定位功能、独立接地铜螺钉、DIN 导轨水平垂直可调、金属箱体由 1mm 厚优质镀锌钢板折叠成形的、金属面盖由 1.2mm 厚优质电解钢板制成的、箱体必须完好无缺的、箱体内接线汇流排应分别设立零线 / 保护接地线 / 相线、良好绝缘、断路器的安装座架应光洁无阻并有足够的空间、配电箱门板应有检查透明窗等特点的配电箱。

选择强配电箱时，往往箱内没有安装断路器，只是一个箱子。如果安装断路器，则需另外选择。选择断路器，其实就是确定强电配电箱强电的回路与控制特点。强电配电箱强电回路的一些分配原则如下：

1）总开关需要一回路。

2）强电各回路电线使用要正确。

3）厨房尽量单独设置一个回路。

4）卫生间尽量单独设置一个回路。

5）每台空调尽量分别设置一个回路。

6）电热水器尽量单独设置一个回路。

7）所有房间普通插座尽量单独设置一个回路，或者客厅、卧室插座一回路，厨房、卫生间插座一回路。

8）所有房间的照明尽量单独设置一个回路。

9）其他有特殊需求的电器尽量单独设置一个回路。

10）每个回路均应有相线、零线、地线。

11）强电断路器的大小不是配得越大越好，也不是越小越好。如果配得过大，起不到过载保护作用。如果配得过小，不能够正常使用，出现屡次跳闸现象。

12）家装回路的设置与选择不是规定不变的，而是根据实际情况灵活应用。例如有的把小孩房也单独设置一回路。

不同的回路，需要选择不同规格的强电配电箱，图例如图2-43所示。

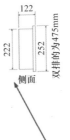

正面　　　　背面　　　　侧面

最大载流量: 100A
额定电压: 250V 50～60Hz
接线端子规格:
中性线进线最大可接25mm²
中性线出线最大可接10mm²
接地保护进线最大可接16mm²
接地保护出线最大可接6mm²

回路数	入墙外形尺寸/mm				备注
	A1	A2	B	C	
8回路	242.5	212.5	177.0	141.0	单排
10回路	277.5	247.5	212.0	176.0	单排
13回路	330.0	300.0	264.5	229.0	单排
16回路	382.5	352.5	317.0	282.0	单排
20回路	452.5	422.5	387.0	352.0	单排
23回路	505.0	475.0	439.5	405.0	单排
26回路	330.0	300.0	264.5	229.0	双排
32回路	382.5	352.5	317.0	282.0	双排
40回路	452.5	422.5	387.0	352.0	双排
46回路	505.0	275.0	439.5	405.5	双排

图2-43　不同的回路，需要选择不同规格的强电配电箱

家用配电箱安装方法与要求如下：

（1）配电箱需要安装牢固，横平竖直，垂直偏差不应大于3mm。

（2）配电箱暗装时，配电箱四周应无空隙，并且面板四周边缘需要紧贴墙面，箱体与建筑物、构筑物接触部分需要涂防腐漆。

（3）进配电箱的电管必须用锁紧螺母固定。

（4）如果配电箱需要开孔，孔的边缘要平滑、光洁。

（5）配电箱埋入墙体时，需要垂直、水平，边缘留5~6mm的缝隙。

（6）配电箱内的接线，需要规则、整齐。

（7）配电箱内的端子螺钉需要紧固。

（8）配电箱内各回路进线必须有足够长度，不得有接头。

（9）配电箱内安装后标明各回路使用名称。

（10）配电箱内安装完成后，需要清理配电箱内的残留物。

（11）配电箱内注意零线与地线不要接错。

（12）检查接线无误后，再把面盖紧固在导轨支架上，盖上板。

（13）有的配电箱只能够安装在嵌壁式的墙体中，因此，需要注意对墙体的封埋。

（14）注意进出线敲落孔的方向。

（15）配电箱内的交流、直流或不同电压等级的电源，需要具有明显的标志。照明配电箱内，需要分别设置零线（N线）、保护零线（PE线）汇流排，并且零线、保护零线需要在汇流排上连接，不得铰接，以及需要具有编号。

（16）导线引出面板时，面板线孔需要光滑无毛刺。

（17）导线引出面板时，金属面板需要装设绝缘保护套。

（18）金属壳配电箱外壳必须可靠接地（接零）。

（19）配电箱应安装在干燥、通风部位，并且无妨碍物，方便使用的地方。

（20）配电箱不宜安装过高，一般安装标高为 1.8m，以便操作。

（21）明装配电箱的安装——配电箱安装在墙上时，一般采用开脚螺栓（胀管螺栓）固定，螺栓长度一般为埋入深度（75~150mm）、箱底板厚度、螺母与垫圈的厚度之和，再加上 5mm 左右的"出头余量"。较小的配电箱，也可以在安装处预埋好木砖（根据配电箱或配电板四角安装孔的位置埋设），然后用木螺钉在木砖处固定配电箱或配电板。

（22）暗装配电箱的安装——配电箱嵌入墙内安装，在砌墙时预留孔洞需要比配电箱的长和宽各大 20mm 左右，并且预留的深度为配电箱厚度加上洞内壁抹灰的厚度。圬埋配电箱时，箱体与墙间，需要填以混凝土即可把箱体固定住。

2.33 灯座

灯座是固定灯位置，以及使灯触点与电源相连接的器件。灯座的类型如下：

（1）MR 开头的灯座（灯头）——直插式局部照明射灯常用灯座。MR16 在照明行业里指最大外径为 2in 的带多面反射罩的灯具。

（2）MRMR——多面反射（灯杯），后面的数字表示灯杯口径（单位是 1/8in）。

（3）PAR——筒灯，该类灯具一般耗电大、温度高。现在，逐渐被 LED 灯取代。

（4）AR 开头的灯——铝质冷反光卤素射灯。

（5）G12 的灯——单端管形金属卤化物灯泡。

（6）防潮灯座——供潮湿环境、户外使用的灯座。该种灯座在使用时其性能不受雨水、潮湿气候的影响。

（7）GU 开头的灯座（灯头）——卡口式灯座（灯头），其中 G 表示灯头类型是插入式，U 表示灯头部分呈现 U 字形，后面的数字则表示灯脚孔中心距（单位一般为 mm）。

（8）E 开头的灯座（灯头）——普通螺口灯座，是最普遍使用的一种灯座（灯头）。E 表示爱迪生螺纹的螺旋灯座。E 后面的数字代表灯头大小、灯座螺纹外径的整数值（螺旋灯座与灯头配合的螺纹）。E27 为白炽灯灯头，E14 比 E27 小。85W 节能灯通常有 E27、E40 两种灯头。E27 叫做小头节能灯，E40 叫做大头节能灯。

86 型 E27 螺口灯座如图 2-44 所示。

智能声控楼道 E27 螺口声光控灯座如图 2-45 所示。

可用于功率在60W 以下的灯具：	
名称	方形明装灯座
接口类型	E27螺旋口
尺寸	86mm×86mm×25mm
负载功率	≤60W
负载电压	250V

86

86

25

螺钉孔间距53mm

86型E27螺口灯座

一个螺钉固定的灯座，
在灯的长时间重力作用
下容易脱落坠毁

螺口灯座

图 2-44　86 型 E27 螺口灯座

感应器孔

固定孔

固定孔

螺口E27

接相线和零线

图 2-45　智能声控楼道 E27 螺口声光控灯座

节能声光控延时自动灯座　灯座大小
78mm(底盘座)×45mm(高度)

工作电压：220V 50Hz
接线方式：二线制
感应距离：5m
灵敏度：52dB
延时间：60s+20s
负载功率：白炽灯≤60W；节能灯
　　　　　≤25W；LED灯≤25W

适用场所
楼梯、过道、走廊、地下室及一切需自动照明的地方

图 2-45　智能声控楼道 E27 螺口声光控灯座（续）

2.34 灯泡概述

灯泡是通过电能而发光的一种照明源。家用灯泡的种类有普通灯（钨丝灯）、荧光灯、卤素灯等。

普通白炽灯泡具有显色性好（Ra=100）、开灯即亮、可连续调光、价格低廉、结构简单、寿命短、光效低等特点，其用于居室、客房、客厅、大堂、走道、商店、餐厅、会议室、庭院等场所。普通白炽运用方式为台灯、壁灯、床头灯、顶灯、走廊灯等。

卤钨灯是填充气体内含有部分卤族元素或卤化物的一种充气白炽灯。其具有普通照明白炽灯的全部特点，光效、寿命比普通照明白炽灯提高一倍以上，并且体积小。卤钨灯主要用于会议室、展览展示厅、客厅、仪器仪表、汽车、商业照明、影视舞台、飞机、其他特殊照明等。

荧光灯具有光效高、寿命长、光色好等特点。荧光灯有直管型、环型、紧凑型等类型。

用直管型荧光灯取代白炽灯，节电 70%~90%，寿命长 5~10 倍；升级换代直管型荧光灯进行换代白炽灯，节电 15%~50%。

用紧凑型荧光灯取代白炽灯，节电 70%~80%，寿命长 5~10 倍。

低压钠灯具有发光效率特高、寿命长、光通维持率高、透雾性强、显色性差等特点。其具有用于隧道、港口、码头、矿场等照明。

灯泡外形图例如图 2-46 所示。

根据实际使用用途，灯具可以分为家居灯具、工程灯具。家居灯具就是日常生活中的灯具，工程灯具主要是指用于建筑工程的一类型灯具。

家居选择灯泡的一些注意点、要点如下：

（1）家居选择灯泡时，注意应用场所的要求——卧室的平均照度不应超过 50lx、厨房照明平均照度应在 200lx 左右、卫生间的照明照度应达 100lx。

图 2-46 灯泡外形图例

（2）造型现代灯具的造型有仿古、创新、实用等类型，根据应用场所的要求来选择。

（3）灯具风格，需要根据艺术情趣、居室条件来选择灯具。

（4）有客厅的家庭，可以在客厅中多采用三叉吊灯、花饰壁灯、多节旋转落地灯等一些时髦的灯。

（5）住房比较紧张的家庭，不宜安装过于时髦的灯具，以免增加拥挤感。

（6）住房低于 2.8m 层高的房间不宜装吊灯，只能装吸顶灯，这样才能使房间显得高一些。

（7）色彩灯具的色彩，需要服从整个房间的色彩。为了不破坏房间的整体色彩，一定要注意灯具的灯罩、外壳的颜色与墙面、家具、窗帘的色彩需要协调。

灯泡的主要保养方法如下：

（1）不要过于频繁地开关灯的电源。

（2）不要把发热的灯泡马上拿到冷环境，反之也如此。

（3）不要在接线板上并联过多的电器。

（4）不要在灯开着时，插拔电源，甚至拧下灯泡。

（5）不要让灯泡连续发光太久。

（6）注意灯泡不受外界干扰，要美观、实用、牢固、安全。

灯泡的安装要点如下：

（1）开关要控制相线。

（2）导线的连接要规范合理。

（3）螺钉口灯座的螺旋套只准接在零线上。

（4）灯座中的两条导线需要彼此绝缘，并且打上保险扣。

工程灯具安装的注意点，主要如下：

（1）安装工程灯具时，需要适当的采取相关间隔措施，将灯具与灯具间隔开来。另外，尽可能的加大灯具内部的空间范围，以及设置符合标准的散热孔。

（2）灯具与灯具间的距离不能够靠得太近。如果一个范围内的灯具安装过于密集，则可能导致相关灯具，以及该范围内的温度升高，从而容易产生不同程度的安全事故。另外，灯具的温度超过了规定的范围，则可能导致灯泡的寿命缩短，或损坏灯泡。

2.35 射灯

射灯的用途就像手电筒一样把光射出来。射灯是典型的无主灯、无定规模的现代流派照明，射灯既能够作主体照明，又能作辅助光源。利用射灯可以营造室内照明气氛。如果把一排小射灯组合起来，光线能够变幻奇妙的图案。小射灯，可以自由变换角度，从而组合照明的效果变化多端。

另外，射灯光线柔和，雍容华贵，也可以局部采光，烘托气氛。

射灯，可以安置在吊顶四周、家具上部、墙内、墙裙、踢脚线里。射灯光线直接照射在需要强调的家什器物上，能够突出主观审美作用，达到重点突出、层次丰富、环境独特、气氛浓郁等效果。

射灯也可安在盥洗室里充当镜前灯，也可安置在吊顶四周或家具上部，置于墙内、墙裙或踢脚线里。

选用射灯上一定要适量，过多安装射灯，会形成光的污染，难达到理想效果。过多安置射灯，也容易造成安全隐患。

射灯分为下照射灯、路轨射灯、冷光射灯、低压射灯、高压射灯、LED射灯等种类。消费者，最好选择低压射灯。LED射灯一般由外壳、灯珠、铝基版、驱动等构成，是目前推荐选择的一种射灯。

家居常选择的LED射灯的一些常见参数如下：

（1）电压——111~240V。

（2）功率——5W及以下等。

（3）光源类型——LED、节能灯等。

（4）材质——铝等。

（5）灯具是否带光源——带光源。

（6）适用空间——厨房、书房、客厅、餐厅、卧室等。

一些LED射灯的外形如图2-47所示。

额定电压：12V

尺　寸：开孔70～75mm

高　度：40mm

外　径：85mm

3W天花射灯

9W磨砂银色射灯

12W磨砂银色射灯

5W磨砂银色射灯

7W磨砂银色射灯

3W磨砂银色射灯

4W磨砂银色射灯

3W光面银色射灯

3W磨砂金色射灯

图2-47　一些LED射灯的外形

2.36 筒灯

筒灯是一种相对于普通明装的灯具更具有聚光性的一种灯具。筒灯一般是用于普射灯照明或辅助照明。用筒灯来做灯具，安装容易，不占用地方。

筒灯的分类如下：

（1）根据场所——可以分为家居筒灯、工程筒灯。

（2）根据光源——可以分为普通筒灯、LED筒灯。

（3）根据安装方式——可以分为嵌入式筒灯、明装式筒灯。

（4）根据光源个数——可以分为单插筒灯、双插筒灯。

（5）根据光源的防雾情况——可以分为普通筒灯、防雾筒灯。

（6）根据灯管安装方式——可以分为螺旋灯头、插拔灯头、竖式筒灯、横式筒灯。

（7）根据筒灯面盖材料——可以分为铁面、纯铝、压铸等材料等。

（8）根据筒灯灯头簧片材质——可以分为铜片、铝片。

（9）根据筒灯灯头的电源线——可以分为三线接线灯头（相线、零线、接地线）、2线接线灯头（相线、零线）。

（10）根据反光杯——可以分为砂杯、光杯。

（11）根据大小——可以分为大（5in）、中（4in）、小横式横插防雾筒灯（2.5in）、2in、3in、3.5in、6in、8in、10in等。

筒灯的孔径尺寸是指灯具出光口内侧两点间最大的距离。一般家庭用筒灯最大不超过2.5in，放5W节能灯就行。LED筒灯可以作为普通筒灯的替代品，光线比普通的好，唯一的缺点是如果坏了个别LED，则无法更换。如果不换，则有点别扭。如果整体换了，则有点可惜。

LED筒灯的一些常见参数如下：

（1）颜色分类——正白光4W砂银、暖白光3W光面、暖白光4W砂银、正白光3W光面、正白光5W砂银、3W砂银、暖白光3W砂银、正白光5W砂银、暖白光3W漆面、正白光3W漆面、暖白光3W砂金、暖白光3W砂金、正白光等。

（2）电压——111~240V（含）等。

（3）功率——5W及以下等。

（4）材质——铝等。

（5）灯具是否带光源——带光源等。

（6）光源类型——LED、节能灯等。

（7）适用空间——客厅、书房、餐厅、厨房、卧室等。

一些LED筒灯的外形如图2-48所示。

筒灯的一些选择方法与技巧、经验如下：

（1）选择筒灯时，需要注意横插筒灯价格比竖插要贵少许。

（2）筒灯采用滑动固定卡，一般可以安装在3~25mm的不同厚度的天花板上，维修时也方便吧灯具拆下。

（3）设多盏筒灯，可以减轻空间压迫感。

（4）筒灯的问题主要在灯口上，有的杂牌筒灯的灯口不耐高温、易变形，则可能导致灯泡拧不下来。

额定电压：12V
尺　寸：开孔70～75mm
外　径：85mm
高　度：40mm

3W天花筒灯

9W磨砂银色筒灯

12W磨砂银色筒灯

5W磨砂银色筒灯

7W磨砂角色筒灯

3W磨砂金色筒灯

4W磨砂银色筒灯

3W磨砂银色筒灯

3W漆面白色筒灯

图2-48　一些LED筒灯的外形

（5）一般而言，铁面的筒灯价格便宜，纯铝与压铸等材料的筒灯比较贵，但是比较耐用。工程上，用得比较多的是铁面的筒灯。家装用筒灯，一般应选择不容易生锈的面盖。

（6）筒灯灯头簧片有铜片、铝片，好的品牌一般采用的是铝片，以及在接触点下安装有弹簧，以加强接触性。

（7）筒灯反光杯有一般砂杯、光杯，材料为铝材，铝材不会变色，以及反光度要好些。有的筒灯用塑料喷塑，过段时间会变暗，甚至发黑。鉴别方法：看切割处的齐整度，铝材的切割很整齐，塑料喷塑的切割不整齐。

（8）筒灯有热量产生，安装时不要靠墙太近，以免使得墙体发黄。

（9）筒灯可以装白炽灯泡，也可以装节能灯。装白炽灯时筒灯是黄光。装节能灯时筒灯视灯泡类型可以是白光、黄光等。

（10）筒灯一般都被安装在天花板内，一般吊顶需要在150mm以上才可以装。

（11）筒灯需要安装在无振动、无摇摆、无火灾隐患的平坦地方，并且注意避免高空跌落，硬物碰撞，敲击等现象。

2.37 壁灯

壁灯是安装在墙壁上的辅助照明装饰的一种灯具。壁灯灯泡功率多在15~40W左右，光线淡雅和谐，从而可以把环境点缀得优雅、富丽。壁灯的种类和样式较多，常见的有吸顶灯、变色壁灯、床头壁灯、镜前壁灯等。

一些壁灯的尺寸与外形如图2-49所示。

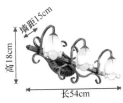

壁灯
底盘尺寸:方10.5cm×10.5cm
安装孔中心距离:9.0cm
灯罩球体直径:螺口20cm
灯罩口内径尺寸:7.5cm
灯座:E27螺口
最大使用功率:40W
电压:220V
淋雨安装:朝下
带开关壁灯:室内使用禁止在淋雨环境下使用适用于:户外、卧室、过道、客厅、走廊书房等

[尺寸]长54cm×高18cm
墙距15cm
[材质]铁艺灯身+玻璃灯罩
[光源]E14螺口类光源
[适用]卫生间、浴室、镜柜

[尺寸]长40cm×高18cm
墙距15cm
[材质]铁艺灯身+玻璃灯罩
[光源]E14螺口类光源
[适用]卫生间、浴室、镜柜

图2-49 一些壁灯的尺寸与外形

壁灯的一些选择方法与技巧、经验如下：

（1）根据安装需要，选择不同类型的壁灯。

（2）小房间，可以选择单头壁灯、薄型壁灯。

（3）大房间，可以选择双头壁灯、厚型壁灯。

（4）大空间，可以选厚一些的壁灯。

（5）壁灯多装于阳台、楼梯、走廊过道、卧室等，适宜作长明灯。

（6）变色壁灯，多用于节日、喜庆时采用。

（7）床头壁灯，大多数是装在床头的左上方，灯头可万向转动，便于阅读。

（8）镜前壁灯，多装饰在盥洗间镜子附近使用。

（9）连接壁灯的电线要选用浅色，便于涂上与墙色一致的涂料。

（10）连接壁灯的电线，最好暗敷。

（11）一般来说，壁灯光线柔和为好，度数要小于60W。

（12）床头上方的墙壁，可以装一盏茶色刻花玻璃壁灯。

（13）最好选择灯泡有保护罩的壁灯，从而可以防止引燃墙纸，引发危险。

（14）壁灯的款式规格，需要与

安装场所协调。

（15）壁灯的色泽，需要与安装墙壁的颜色协调。

（16）壁灯的薄厚，需要与安装地点环境协调。

（17）壁灯光源功率，需要与使用目的一致。

（18）购买、选择壁灯时，先要看一下灯具本身的质量。灯罩主要看其透光性是否合适，并且表面的图案、色彩应与居室的整体风格相呼应。壁灯的金属抗腐蚀性要良好，颜色与光泽要亮丽饱满。

（19）壁灯安装高度，一般略超过视平线 1.8m 高左右，也就是壁灯安装高度以略高于人头为宜。

（20）壁灯的照明度不宜过大，这样更富有艺术感染力。

（21）壁灯灯罩的选择，一般根据墙色而定。白色或奶黄色的墙，宜用浅绿、淡蓝的灯罩。湖绿、天蓝色的墙，宜用乳白色、淡黄色、茶色的灯罩。

（22）卧室光线以柔和、暖色调为主，可用壁灯来代替室内中央的顶灯，并且壁灯宜用表面亮度低的漫射材料灯罩。

（23）盥洗间宜用壁灯代替顶灯，这样可避免水蒸气凝结在灯具上影响照明、腐蚀灯具。

（24）用壁灯作浴缸照明，光线融入浴池，散发出温馨气息。但要注意，壁灯应具备防潮性能。

2.38 吊灯

吊灯是吊装在室内天花板上的高级装饰用的一种照明灯。所有垂吊下来的灯具，都可以归入吊灯一类。

吊灯有 3 头吊灯、5 头吊灯、6 头吊等类型。吊灯光源类型有白炽灯、节能灯、LED 等类型。吊灯应用有客厅、餐厅、卧室等用吊灯。另外，还有吸吊两用型吊灯、单一吊灯等类型。

吊灯的一些外形如图 2-50 所示。

一款吊灯的吊线方法如图 2-51 所示。

吊灯的一些选择方法与技巧、经验如下：

（1）吊灯无论是以电线或以铁支垂吊，都不能吊得太矮，阻碍人正常的视线，或令人觉得刺眼。

（2）可以选择，具有装弹簧吊支的吊灯，或具有高度调节器的吊灯，从而可以适合不同高度的需要。

（3）一般而言，空间较高的客厅，宜用三叉~五叉的白炽吊灯，或一个较大的圆形吊灯，以使客厅显得富丽堂皇。

圆盘：

单头盘：

图 2-50 吊灯的一些外形

图 2-50 吊灯的一些外形（续）

自由调吊线方法

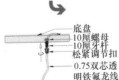

① 先把10厘牙杆用10 厘螺母锁住底盘

② 松紧调节扣住上慢慢锁10厘牙杆，调节到合适位置时，再锁紧牙杆

③ 如果没有调节到合适位置，重新把松紧调节扣扭松，再重复步骤2

图 2-51 一款吊灯的吊线方法

（4）一般而言，空间较低的客厅，可用吸顶灯加落地灯，以便显得明快大方，并且具有时代感。

（5）面积较大的浴室，可以采用发光天棚漫射照明，或采用顶灯加壁灯的照明方式。

（6）选购吊灯前，首先应测量一下安装位置的装修后室内净高度，如果净高度低于 2.6m，则一般不选装吊灯。因为吊灯，一般需要下垂 40 公分以上才有较好的效果。

（7）吊灯的设计、造型、色彩风格，需要与室内装修风格相协调：奢华、繁复的装修风格适用造型复杂、色彩艳丽的吊灯。简约式装修风格，适合造型简单、色彩纯净的吊灯。

（8）选购吊灯时，需要根据照明面积、需达到的照明要求等方面，来选择适合的灯头数量。灯头数量较多的吊灯，适合大面积空间。灯头数量较少的吊灯，适合小面积空间。

（9）走廊吊顶灯间距参考：一般常规的是15cm吸顶灯纵向间距为1.5m，横向间距为2.5m，25cm吸顶灯其横向间距为2.5m，纵向间距为3m。

（10）嵌入式吸顶灯安装前，需要检查每个灯具的导线线芯的截面，电线的铜芯截面积不可小于$0.75mm^2$。

（11）吊灯的安装高度，最低点需要离地面不小于2.2m。

（12）餐桌吊灯的高度，一般离桌面大约55~60cm，并且应选用可随意上升、下降装置的灯具，以便利于调整与选择高度。

（13）餐厅的灯罩宜用外表光洁的玻璃、塑料、金属材料，以便随时擦洗，不宜用织、纱类织物灯罩或造型繁杂、有吊坠物的灯罩。

（14）餐厅的光源宜采用黄色荧光灯、白炽灯，灯光以热烈的暖色为主。

（15）饭厅的吊灯理想的高度是要在饭桌上形成一池灯光，但是又不会阻碍桌上众人互望的视线。

（16）考虑用几个小吊灯，则每个吊灯都应当有开关。

2.39 家居功能间电器

家居功能间常用电器见表2-24。

表2-24 家居功能间常用电器

空间	电器情况
卫浴间	洗衣机、吹风机、热水器、浴霸等
厨房	冰箱、油烟机、微波炉、电饭锅、电磁炉、豆浆机、饼铛等
阳台	吸顶灯、洗衣机等
卧室	床头灯、吸顶灯、空调、电话、有线电视、落地灯、手机等数码产品充电等
书房	台灯、吸顶灯、电脑主机、显示器、音箱、空调、其他小电器等
客厅	电视、机顶盒、DVD、音响、饮水机、空调、落地灯、电话等

厨房家电的分类见表2-25。

表2-25 厨房家电的分类

依据	解说
安装方式	独立式家电、普通嵌入式家电、全嵌入式家电
厨房卫生	吸油烟机（抽油烟机）、电开水器、餐具干燥箱、净水器、磁水器、电热水器、电水壶、洗碗机（洗碟机）、垃圾压紧器、食物残渣处理器、紫外线消毒器等
储藏	消毒碗柜、电冰箱、红酒柜等
工作原理	电动家电、电热家电等，其中电热类家电又可以分为电阻式家电、红外式家电、微波式家电、电磁感应式家电等

（续）

依据	解　说
食物烹饪	电炒锅、蒸蛋器、烤肉器、电蒸炉、电炸锅、电高压锅、电火锅、电热锅、电饭盒、微波炉、微晶灶、电磁灶、电饭锅、气电一体炉、电灶、集成环保灶、电烤箱、烤面包片器（多士炉）、三明治烤炉、电饼铛、咖啡机、电烤栅等
食物制备	爆米花器、挤汁器、酸奶生成器、刨冰器（雪花器）等
食物准备	开罐器、食物加工机、打蛋器、洗菜机、和面机、切片机、搅拌器、绞肉机、果菜去皮机、咖啡磨、食物混合器、电切刀等
用途	食物准备家电、制备家电、烹饪家电、储藏家电、厨房卫生家电

家电摆放的一些注意事项如下：

（1）厨房门开启与电冰箱门开启不要冲突。

（2）抽油烟机与灶台的距离不宜超过70cm。

（3）抽油烟机的高度，一般以使用者身高为准。

（4）水质不好的地方，需要考虑加装中央净水处理系统。

（5）电冰箱也不宜太接近洗菜池，避免因溅出来的水导致冰箱漏电。

（6）需要多预留些插孔，尽量为每个厨房电器配一个插座，以及安装漏电保护装置。

（7）电冰箱位置不宜靠近灶台，以免产生热量影响电冰箱内的温度，以及污染电冰箱。

（8）把电冰箱、烤箱、微波炉、洗碗柜等做成嵌入式，布置在橱柜中的适当位置，需要注意方便开启、使用等要求。

一些家电的特点与选择、安放要点见表2-26。

表2-26　一些家电的特点与选择、安放要点

名称	解　说
热水器	 热水器有煤气和电热两大类，其型号和安装位置会影响到水电方案，需要在水电改造前确定 太阳能热水器需要在开工初期在水管铺设之前订购，以便厂商安排上门勘测以配合水管铺设

（续）

名称	解　说
浴霸	浴霸型号和安装位置会影响到电改方案。在水电安装前购买，以便预留电线，确定线路
排风扇	排风扇型号和安装位置会影响到电改方案。在水电安装前购买，以便预留电线，确定线路
洗衣机	（1）洗衣机，可以放在洗漱台旁边。洗衣机与洗漱台相同方向的摆放，并且中间用一个小墙壁将其分开，可以避免洗漱台的水溅到洗衣机上，而且增加了洗漱间的收纳性 （2）长方形的卫生间来说，洗漱台一般都是沿着一侧墙壁设置，则可以将洗衣机沿着洗漱台放在最里侧的墙角中 （3）如果餐厅中有足够的空间，则单独设计一个放洗衣机的位置 （4）将洗衣机放在阳台上 （5）将洗衣机放在餐厨中。厨房空间小，则在橱柜配置时，需要在远离火源的位置空出一个小柜子的大小，将洗衣机放在里面，上面的橱柜面板也没有隔断，不会耽误厨房的日常操作 （6）将洗衣机放在墙角落中
油烟机	（1）根据结构，抽油烟机主要分为顶吸式、侧吸式。近吸式常归为侧吸式一类 （2）顶吸式油烟机在灶台上方，排烟效果比较好。但是，对于高个子的业主而言，使用顶吸式油烟机时可能会碰到头，有时候会出现烟机往下滴油的情况 （3）侧吸式（近吸式）相较而言，不会有碰头、滴油。但是，占用较多的操作空间 （4）噪声越低越好 （5）排风量越大越好 （6）功率大，比较费电，但吸力也比较大 （7）集烟腔，一般而言腔深越好，这样产生的风压大，同样功率能够产生的吸力则更大 （8）看集烟腔里面的接缝，一般而言是接缝越少、越窄就越好 （9）油烟机风压、风量直接影响吸油烟机的效果。噪声与排风量成正比。风压数值越大越好

2.40　热水器烟管

热水器烟管常见的规格有 20cm 烟管、30cm 烟管、40cm 烟管等。烟管的种类有 304 不锈钢排烟管、直径 6cm 强排式燃气热水器烟管、波纹烟管等。

一些热水器烟管规格如图 2-52 所示。

热水器排烟管，抽油烟机铝箔管等接口胶粘常用铝箔胶带。铝箔胶带规格有一卷 25m 的，铝箔胶带外形如图 2-53 所示。

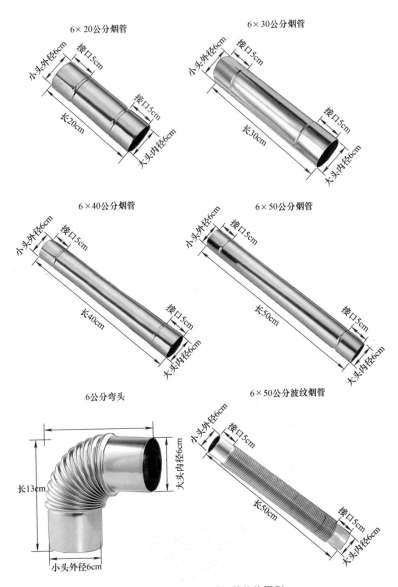

图 2-52　一些热水器烟管规格图例

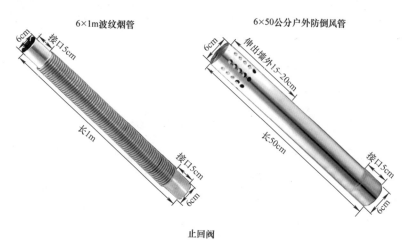

6×1m波纹烟管 6×50公分户外防倒风管

止回阀

图 2-52 一些热水器烟管规格图例（续）

图 2-53 铝箔胶带外形

2.41 热器挂钩

热水器通用型安装配件挂钩外形与尺寸如图 2-54 所示。热水器通用型安装配件挂钩安装方法如图 2-55 所示。

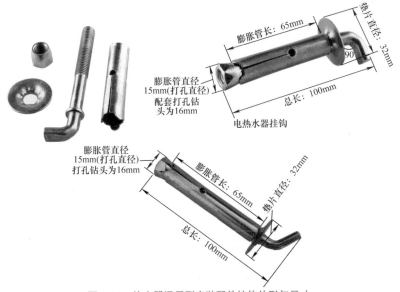

图 2-54 热水器通用型安装配件挂钩外形与尺寸

① 墙壁打孔
孔的深度与螺栓的长度相同

② 把被固定物品上有空的固定件用螺栓装上

③ 把膨胀螺钉套件(连同被固定物品一起)敲到孔内

④ 用扳手把螺杆拧紧,锥母涨开膨胀套管即可

图 2-55 热水器通用型安装配件挂钩安装方法

第 3 章

弱电建材——一学就会

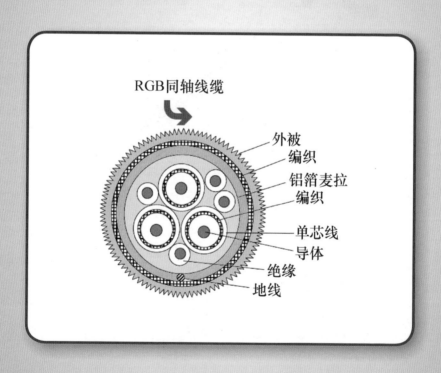

RGB同轴线缆

外被
编织
铝箔麦拉
编织
单芯线
导体
绝缘
地线

3.1 家装常见弱电电线概述

一般而言，低于36V的线都叫做弱电线，常见的弱电线包括网络线、电话线、音响线、AV线、VGA线、音频线等。家装常见的弱电电线选择技巧如图3-1所示。

弱电导线
→ 电话线 ▶ 4芯线
→ 网络线 ▶ 5类8芯双绞线
→ 电视线 ▶ 双屏蔽同轴电缆
→ 音响线 ▶ 传输音频的导线

图3-1 家装常见的弱电电线选择技巧

3.2 有线电视线

常见的有线电视线是中间一根铜心，然后铜心的周围是白色的胶状物质，然后包裹着一层铝纸类的东西，然后外面再是铝镁丝或铜丝做的网状的东西，最后是外皮。

常见的有线电视线就是同轴电缆。同轴电缆包含两个同心轴导体，两导体间以适当的介质分隔开，外导体常是接地电位，其作用是使通过中心导体的电流有一条回路，并且能够防止电缆能量的辐射。同轴电缆外导体一般是编织或用金属被覆的，绝缘体一般是PE或FM-PE、FEP。

常见的有线同轴电缆如图3-2所示。常见的有线同轴电缆的选择方法如图3-3所示。

高频同轴线缆需要具有高速性、长距离性、低漏性、隔离效果需符合FCC RFI/EMI的要求、采用低烟无毒材料符合高密度线及防火效果的要求等特点。高频同轴线缆适用于传输系统与信号控制系统，例如高频机器的连接线、天线馈线、内部配线、载波信道用线等。高频同轴线缆结构如图3-4所示。

JIS规格同轴线缆适用于传输系统、信号控制系统、高频机器的接续或内部配线等。JIS规格同轴线缆的绝缘体，一般是PE。有的JIS规格同轴线缆，是根据要求加上铝箔纵包隔离，编织屏蔽。JIS规格同轴线缆结构如图3-5所示。

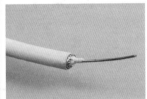

图3-2 常见的有线同轴电缆

电视线又称为视频信号传输线,是用于传输视频与音频信号的线材,电视线一般为同轴线

电视线一般型号为SYV75-X

其中, S表示同轴射频
　　　Y表示聚乙烯
　　　V表示聚氯乙烯
　　　75表示特征阻抗
　　　X表示其绝缘外径,数字越大线径越粗,且传输距离就越远

选购时,注意电视线的编制层是否紧密,越紧密说明屏蔽功能越好,电视信号越清晰

也可以用美工刀将电视线划开,观察铜丝的粗细,铜丝越粗,其防磁、防干扰性能较好

图3-3　常见的有线同轴电缆的选择方法

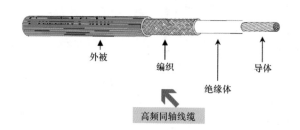

外被　　编织　　绝缘体　　导体

高频同轴线缆

图3-4　高频同轴线缆结构

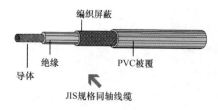

编织屏蔽

绝缘　　PVC被覆

导体

JIS规格同轴线缆

图3-5　JIS规格同轴线缆

有线电视线,其实就是闭路线。

家装中的闭路线,一般分为48网、64网、96网、128网、160网、192网等规格。48网、64网就是2P或单屏蔽路线,也就是外面的屏蔽层只是一层箔和一层网。4P(双屏)的闭路线就是2层箔、2层网。

讲闭路线多少网,就是指其外面网状的东西有多少根。在同等品牌下,网数越大的越好,但是也越贵。

3.3 RGB 同轴线缆

RGB 是 红（Red）、绿（Green）或灰（Gray）、蓝（Blue）三种颜色英文缩写首个字母的组合。RGB 同轴线缆也称为显示器用线，是专门用于计算机屏幕的连接线。

RGB 同轴线缆单芯同轴线的绝缘体，一般采用发泡 PE。RGB 同轴线缆特性阻抗在 10MHz 时，一般要求为 $75\Omega \pm 5\Omega$。RGB 同轴线缆结构图如图 3-6 所示。

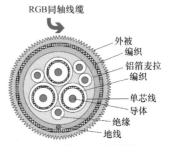

图 3-6 RGB 同轴线缆

3.4 网线

网线可以用来进行网络内传递信息的一种线。常用的网络电缆为双绞线、同轴电缆、光纤电缆（光纤）。其中，双绞线价格便宜，应用比较广泛。

双绞线是由许多对线组成的一种数据传输线，其可以分为 3 类线、4 类线、5 类线、超 5 类线、6 类线、超 6 类线等。它们的特点如下：

3 类线——只有 4 根芯。

4 类线——8 根芯，线径一般为 0.4 以上。4 类线也叫 4 对双绞线。

5 类线——8 根芯，线径一般为 0.5 以上。

超 5 类线——8 根芯。

6 类线——线径 0.6 以上，可到 1000Mbit/s。

另外，网线还可以分为屏蔽网线、非屏蔽网线。屏蔽网线就是在 8 根芯外面包裹一层铝箔一层网。家装，因干扰很小，则没必要用屏蔽线。

一些网线的特点如图 3-7 所示。

一些网线的选择方法如图 3-8 所示。

图 3-7 一些网线的特点

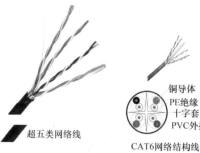

铜导体
PE绝缘
十字套
PVC外护套

超五类网络线

CAT6网络结构线

双绞线可分为屏蔽双绞线与非屏蔽双绞线，运用最多的网络路线是超5类线与6类线。超5类线主要用于千兆位以太网(1000Mbit/s)6类线的传输性能远高于超5类线标准，6类线最适用于传输速率1Gbit/s的应用

8芯电脑网线

图 3-7　一些网线的特点（续）

①

优质产品外层表皮上的印刷文字非常清晰，没有锯齿状，伪劣产品的印刷质量较差，字体不清晰，或呈严重锯齿状

②

用手触摸网路线，优质产品采用铜材作为导线芯，质地较软用手触摸网路线，伪劣产品导线较硬，不易弯曲

③

用打火机点燃，优质产品外层表皮具有阻燃性伪劣产品一般不具有阻燃性

④

美工刀割掉部分外层表皮，使其露出4对芯线，优质产品绕线密度适中，呈逆时针方向；伪劣产品绕线密度很小，方向也凌乱

图 3-8　一些网线的选择方法

3.5　LAN Cable 区域网络线

　　区域网络线，可以支持多种布线结构、多种传输媒体等局域网络环境。区域网络线，可以用于高速率、大容量，例如多媒体的综合业务、数据通信网络智能化大楼中。区域网络线有22AWG、24AWG 等类型。有的网络线缆是四对线，用高密度 PE 绝缘。

　　区域网络线常规颜色有蓝 * 白 / 蓝、橙 * 白 / 橙、绿 * 白 / 绿、棕 * 白 / 棕。

区域网络线导体，可以分为单铜、绞铜。

有屏蔽的区域网络包括FTP、SFTP，无屏蔽区域网络有UTP等。

LAN Cable区域网络线结构图如图3-9所示。

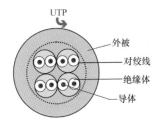

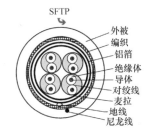

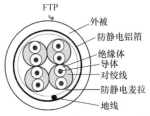

图 3-9　LAN Cable 区域网络线结构图

3.6　电话线

电话线一般是扁平线，芯线数为2~10芯，聚丙烯PP绝缘，主要用于电子设备电话直线与卷线。电话线如图3-10所示。

家装电话线就是电话的进户线，连接到电话机上的线。电话线分为2芯电话线、4芯电话线。其中，4芯电话线比2芯电话线优点如下：

（1）可以为可视电话预备线。

（2）如果有根线芯异常，则不需要换整根线。

选择电话线时，需要注意，并不是软芯比硬芯好。软芯不好接水晶头。

图 3-10　电话线

电话线是指电信工程的信号传输线，主要用于电话通信线路连接

电话线主要有双绞电话线与普通平行电话线，双绞电话线主要作用在于提高了传输速度，并降低了杂音与损耗

电话线表面绝缘层的颜色有白色、黑色、灰色等，其中白色较常见。外部绝缘材料采用高密度聚乙烯或聚丙烯，内导体为裸铜丝

选购时，应关注导线材料，导线应采用高纯度无氧铜

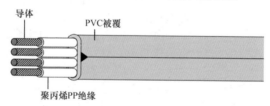

图 3-10　电话线（续）

3.7　音箱线

音箱线是用于连接功放与音箱的线，其中流通的电流信号远大于视频线与音频线。

音箱线的特点与选择如图 3-11 所示。

因音箱与功放相对位置多变，因此，音箱线的选用，选用散装线材自己来制作较为合适。

使用音箱线，需要注意：功放相对左右声道音箱位置是否对称，两个声道音箱线一般不能够有长有短。对于线材的长度，一般家庭以每声道 2~3m 为宜。

音箱线与音频信号线相同，音箱线也可以通过不同的长度，调和组合还原效果。

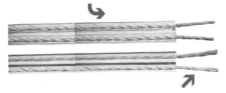

音箱线又称音频线、发烧线，音箱线是用来传播声音的电线，由高度铜或银作为导体制成，较多采用无氧铜或镀锡铜

常见的音响线由大量铜芯线组成，一般为100～350芯，其中使用最多的是200芯与300芯音箱线，200芯就能满足基本需要

不能片面追求高纯材料制作的音箱线，不同材料的线材混合使用会在一定程度上调整音色，改善音质音箱线的选用还要注意音箱与功放间的位置，需要暗埋音箱线，同样要传入PVC管进行埋设，不能直接埋进墙内

图 3-11　音箱线的特点与选择

3.8　DVI 线缆

DVI 是 Digital Video Interface 的缩写，叫做数字视讯界面。DVI 线缆是用于显示卡与显示器间的信号传输用。DVI 的主要三类如下：

（1）DVI-D（DVI-Digital）

DVI-D 为数字信号传输，其又可以分为 DVI-D Single Link、DVI-D Dual Link，它们的特点如下：

1）DVI-D Single Link——单链接，四对分别传输 R 信号、G 信号、B 信号、时脉（Clock）信号。

2）DVI-D Dual Link——双链接，与单链接相比，传输两组 R 信号、G 信号、B 信号，共享 1 对时脉信号，传输相当于单链接 2 倍的信号。

DVI-D 的结构包括 4 对或 7 对信号线，绝缘体一般为发泡聚乙烯 FM-PE，中间加地线，再用铝箔、麦拉包覆。常规颜色有棕 * 白、红 * 白、绿 * 白、蓝 * 白，以及包括一对非屏蔽绞线，用于控制屏幕上下、左右移动。另外，还有 3 芯电源线。

（2）DVI-A（DVI-Analog）

DVI-A 为模拟信号传输。DVI-A 的结构是用 RGB 同轴线作为信号传输的桥梁，绝缘体一般为发泡聚乙烯 FM-PE。常规颜色有红、绿或灰、蓝，其余的与 DVI-D 的基本一样。

（3）DVI-I

DVI-I 为模拟与数字信号共存

传输。DVI-I 的结构就是 DVI-D 与 DVI-A 的合成。

DVI 线缆的结构特点如图 3-12 所示。

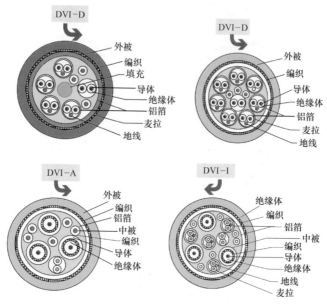

图 3-12 DVI 线缆的结构特点

3.9 USB 线缆

USB 是 Universal Serial Bus Cable 的缩写，意思是通用串行总线架构线缆。USB 线缆主要用于监视器、声音的输入/输出系统、调制解调器、键盘、鼠标、打印机等。

USB 线缆，根据版本可以分为 USB1.0 版、USB1.1 版、USB2.0 版等。不同版本 USB 线缆的结构基本是一样的，不同的是它们的传输速度、电气特性要求。一般而言，版本越高传输速度越快，电气特性要求越严格。

USB 线缆的结构包括一对信号线（绿、白）、两根电源线（红、黑），一般总屏蔽为铝箔、编织。USB 线缆结构如图 3-13 所示。

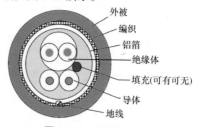

图 3-13 USB 线缆结构

3.10 弱电开关与弱电插座概述

弱电开关、弱电插座主要用于弱 电系统中的控制与电气联系。弱电开关、弱电插座的种类多，一些弱电开关、弱电插座外形如图 3-14 所示。

一些弱电开关、弱电插座的文字标示含义如图 3-15 所示。

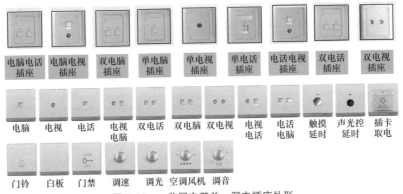

图 3-14　一些弱电开关、弱电插座外形

图 3-15　一些弱电开关、弱电插座的文字标示含义

3.11　明装弱电开关

弱电开关分为明装弱电开关、暗装弱电开关。一些明装弱电开关的特点见表 3-1。

表 3-1　一些明装弱电开关的特点

名称	图　例	
86 型明装吊扇风扇调速器		
86 型明装人体感应声光控延时开关		

（续）

名称	图例
86型明装墙壁明装调光器	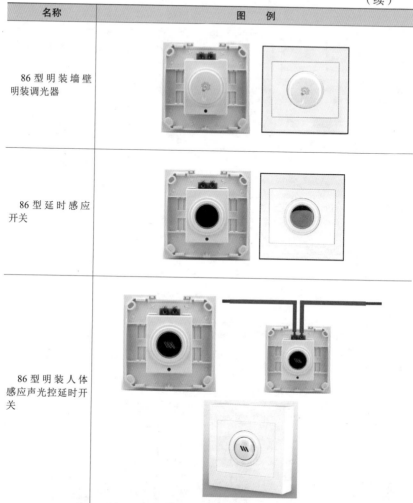
86型延时感应开关	
86型明装人体感应声光控延时开关	

3.12 电子开关概述

常见的电子开关包括调光开关、调速开关、声光控延时开关、触摸延时开关、人体感应开关等。其中，有的调光开关、调速开关、声光控延时开关、触摸延时开关、人体感应开关

的接线具有一定的相同性：相线一进一出，如图3-16所示。

另外，常说的智能开关、智能电子开关，包括触摸延时开关、人体感应开关等，如图3-17所示。

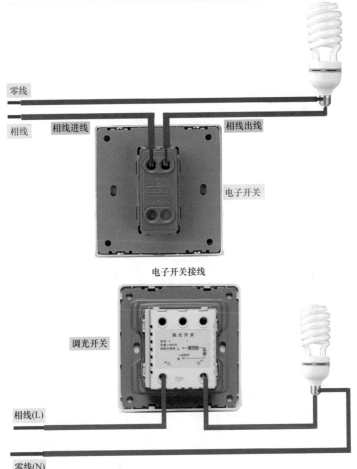

零线

相线 相线进线 相线出线

电子开关

电子开关接线

调光开关

相线(L)

零线(N)

调光开关接线

调光开关正面

调光开关背面

图 3-16 电子开关特点及其接线特点

智能开关是指能接受各种感应信息，经过内置芯片分析后控制开关、关闭的开关装置

智能开关主要分为红外感应开关、声音感应开关、触摸感应开关、遥控开关等

图 3-17　智能开关

3.13　紧急开关

　　紧急开关是一种墙壁面板式的紧急按钮装置，只是紧急开关本身具备开关功能。如果要实现一套完整的控制联动功能系统，则需要其他设备或者电器相互配合。

　　紧急开关具体安装使用方式有多种，具体包括紧急报警、消防警报、医疗警报、紧急救助等各种地方使用。

　　紧急开关安装与接线方式，也与使用场景有着直接关系。

　　常见的紧急开关背后有左右两组接线端子，功能是一致的。默认情况下，紧急开关的 COM 端与 NO 端是闭合状态，COM 端与 NC 端是断开状态。当紧急按钮按下后，COM 端与 NO 端断开，COM 端与端 NC 闭合。

　　紧急开关接线端子如图 3-18 所示。

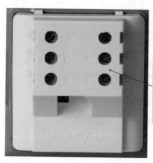

默认情况下COM与NO处于闭合状态，COM与NC处于断开状态。当紧急按钮下以后，COM与NO断开，COM与NC闭合

图 3-18　紧急开关接线端子

3.14　门铃开关

　　门铃开关其实是一种按钮装置，有的门铃开关做成开关的样子。门铃开关基本原理就是通过控制铃的相线的通断，从而实现铃的响与不响，如图 3-19 所示。

　　酒店 86 型请勿打扰门铃开关面板与接线如图 3-20 所示。

　　AC220V 小按钮门铃开关＋请勿打扰如图 3-21 所示。

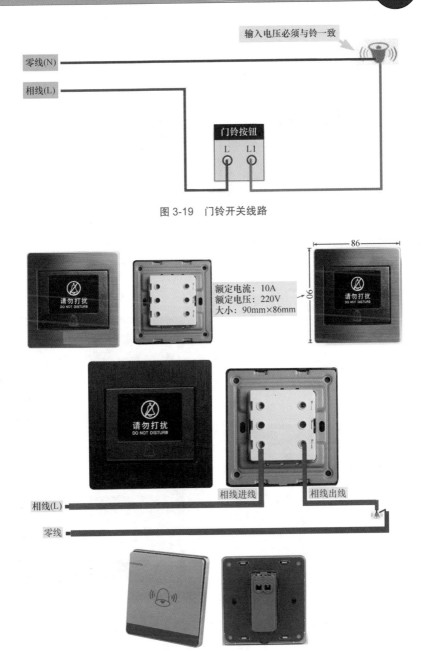

输入电压必须与铃一致

零线(N)

相线(L)

门铃按钮

L   L1

图 3-19　门铃开关线路

额定电流：10A
额定电压：220V
大小：90mm×86mm

86

90

相线进线　　　相线出线

相线(L)

零线

图 3-20　酒店 86 型请勿打扰门铃开关面板与接线

86型2合1墙门铃开关带指示灯

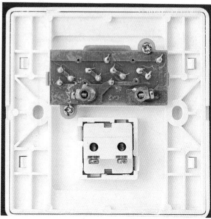

图 3-21　AC220V 小按钮门铃开关 + 请勿打扰

门铃开关与双控开关的连接如图 3-22 所示。

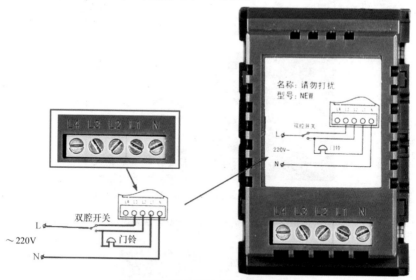

图 3-22　门铃开关与双控开关的连接

3.15　门禁出门开关

门禁，常见的进出门方式如下：

（1）刷卡进入，出门也刷卡——

也就是双向门禁、双向读卡。

（2）刷卡进入，出门时不用刷卡，

按一下开门按钮就可以打开电锁出门——也就是单向门禁、单向读卡。

单向门禁需要使用出门按钮，也就是开门按钮、门禁出门开关。

门禁出门开关的原理就是一个门铃按钮的控制原理：按下门禁出门开关时，内部两个触点导通。松手门禁出门开关时按钮弹回，触点断开。因此，有的工程中有人就直接采用门铃按钮来做出门按钮。只是门铃按钮，一般

是印有"铃铛"的图案在上面。

门禁出门开关，根据材质，可以分为塑料按钮、金属按钮。塑料按钮具有便宜、耐用，但是看起来没有金属按钮高档。金属按钮，看起来高档，但是，使用寿命没有塑料按钮长。

门禁出门开关，根据大小，可以分为86型底盒按钮、小型按钮等。

门禁出门开关的特点与应用如图3-23所示。

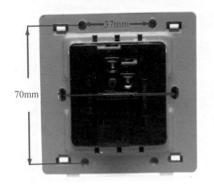

正方形86mm×86mm
86型门禁出门开关
适用于空心门框及86型盒安装

图3-23 门禁出门开关的特点与应用

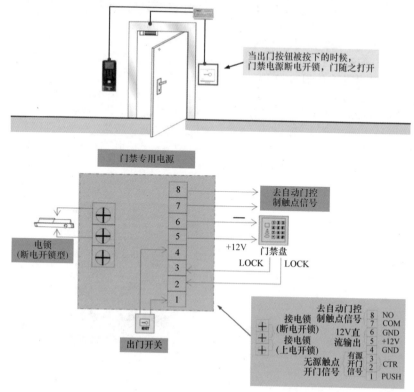

图 3-23　门禁出门开关的特点与应用（续）

3.16　无线门铃

　　无线门铃，就是不需要导线连接，利用无线信号进行控制。一些无线门铃的特点如下：

　　（1）发射端无需电池，可以用不干胶粘贴或者螺钉固定。

　　（2）发射器不能装铁门或防盗门上，以免门板铁皮严重衰减无线电信号。

　　（3）有的无线门铃接收端，可以插在插座上。

　　一些无线门铃的特点如图 3-24 所示。

　　选择无线门铃的方法与要点如下：

　　（1）选择无线门铃，需要注意性能，例如室内多少米有效，无线信号可穿透几堵墙。

　　（2）选择具有一机一码的无线门铃，避免跟邻居串频。

　　（3）选择具有音量调节、音乐的无线门铃。

　　（4）一拖一无线门铃：一拖一是指 1 个发射器配 1 个室内接收器，主要适用于 $100m^2$ 左右的套房。

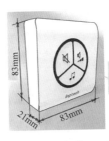

频率: 433.92MHz
距离: 室外>80 m
室内>30 m
(可穿墙)
发射功率: 10dBm
待机功耗: 0W

主机供电: 85~265V AC
主机插头: 国标两插
待机功耗: 0.25W

无线门铃

厚度24mm 发射器尺寸

厚度21mm 接收器尺寸

额定电压: 220V
可控音量: 0~80 dB
音量: 六档音量可调
可调至闭音
发射器尺寸: 74mm×44mm×24mm
接收器尺寸: 79mm×79mm×21mm

发射

接收

钢门 木门 砖墙 砖墙

穿透性能

接收机

发射器

图 3-24 一些无线门铃的特点

（5）一拖二无线门铃：一拖二是指 1 个发射器配 2 个室内接收器，适用于 150m² 以上大户型或两层复式楼。

（6）一拖三无线门铃：一拖三是指 1 个发射器配 3 个室内接收器，常用于三层楼等多层别墅。

（7）二拖一无线门铃：常用于两个门的特殊户型。

3.17　插卡取电开关

插卡取电开关常用于酒店，用来实现省电的最佳状态。插卡取电开关，可以分为高频版插卡取电开关、低频版插卡取电开关、16A 任意卡插卡取电开关、20A 任意卡插卡取电开关、30A 任意卡插卡取电开关、40A 任意卡插卡取电开关等。

一些插卡取电开关如图 3-25 所示。

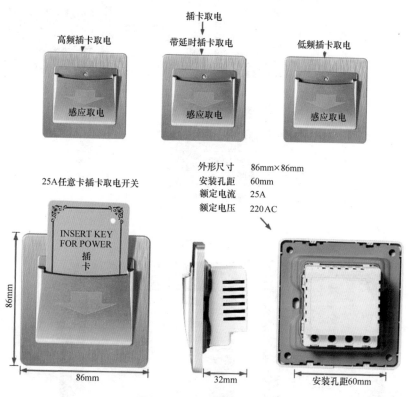

图 3-25　一些插卡取电开关

插卡取电开关的接线：需要零相线同时接入，相线进入受控，相线出线后受插卡控制。

如果没有零线的插卡取电开关，则需要选择相线一进一出。如果有零线的插卡取电开关，则需要选择三根线的,公共线就是零线,相线再一进一出。

一些插卡取电开关特点与其接线如图 3-26 所示。

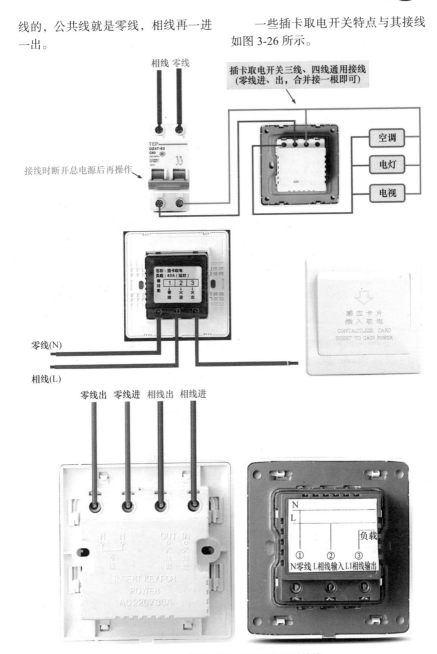

图 3-26　一些插卡取电开关特点与其接线

通用的三线插卡取电开关
接线柱

接线需接公共线、相线入、相线出，相线出控制房间的电器，只需接三线就可以

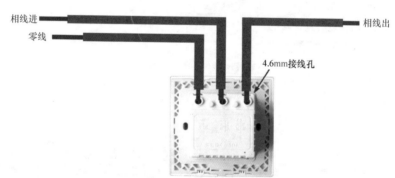

相线进

零线

相线出

4.6mm接线孔

图 3-26　一些插卡取电开关特点与其接线（续）

3.18　声光控制延时开关

声光控制延时开关是指通过利用声音、光线的变化来控制电路，实现特定功能的一种开关。

声光控制延时开关是无接触点、在特定环境光线下采用声响效果激发拾音器进行声电转换来控制用电器的开启，以及经过延时后，能够自动断开电源的一种节能电子开关。

声光控制延时开关可以用于楼道、洗漱室、厕所、厂房、建筑走廊、庭院等场所。

利用声光控制延时开关实现人来

灯亮，人去灯熄的特点：白天或光线较强时，电路为断开状态，灯不亮，当光线黑暗时或晚上来临时，开关进入预备工作状态。当来人有脚步声、说话声、拍手声等声源时，声光控制延时开关自动打开，则灯亮，以及触发自动延时电路，延时一段时间后自动熄灭。

四线制声光控制延时开关：电源两根线、信号两根线。电源与信号是分开工作的。

二线制声光控制延时开关：相线进、相线出。

声光控制延时开关主要由光敏电阻、传声器等组成。因此，必须满足光线足够暗、有足够分贝的声音。因此，白天测试时，可以用手遮挡光敏器件，再叫一声，然后根据是否亮来判断。

吸顶声光控制延时开关及其安装要求如图3-27所示。

尺寸：6cm×5cm×2.5cm
功能环境：声光控制智能延时开关
额定电压：220V－50Hz

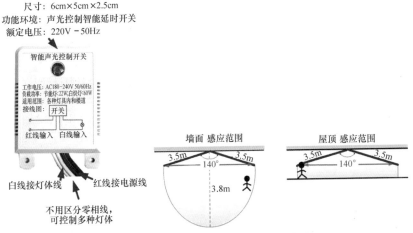

图 3-27　吸顶声光控制延时开关及其安装要求

3.19　86 型墙壁式 wifi 无线路由器

　　无线路由器是应用于用户上网、带有无线覆盖功能的一种路由器。无线路由器可以看作一个转发器，其是将家中墙上接出的宽带网络信号通过天线转发给附近笔记本电脑、支持wifi的手机、带有wifi功能的设备等无线网络设备。

　　wifi是一种可以将个人电脑、手持设备等终端以无线方式互相连接的技术。事实上，wifi是一个高频无线电信号。

　　目前，86型墙壁式wifi无线路由器在家居中应用较广。一些86型墙壁式wifi无线路由器的特点与面板接线如图3-28所示。

　　86型墙壁式wifi无线路由器安装如图3-29所示。

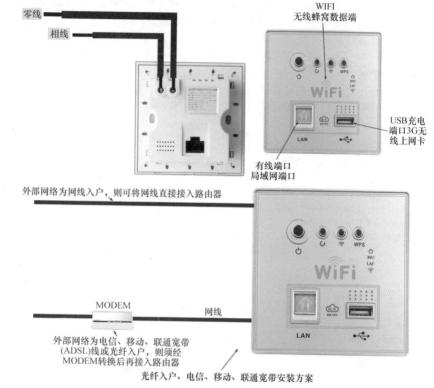

零线
相线

WIFI
无线蜂窝数据端

USB充电
端口3G无
线上网卡

有线端口
局域网端口

外部网络为网线入户，则可将网线直接接入路由器

MODEM
网线

外部网络为电信、移动、联通宽带
(ADSL)线或光纤入户，则须经
MODEM转换后再接入路由器

光纤入户、电信、移动、联通宽带安装方案

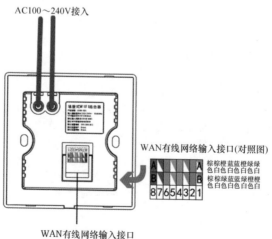

AC100～240V接入

WAN有线网络输入接口(对照图)

A								棕 橙 蓝 蓝 橙 绿 绿
白								色 白 色 白 色 白
B								棕 棕 蓝 蓝 绿 绿 橙 橙
白								色 色 白 色 白 色 白
8	7	6	5	4	3	2	1

WAN有线网络输入接口

图 3-28 一些 86 型墙壁式 wifi 无线路由器的特点与面板接线

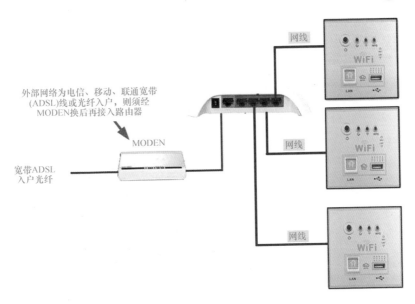

图 3-28   一些 86 型墙壁式 wifi 无线路由器的特点与面板接线（续）

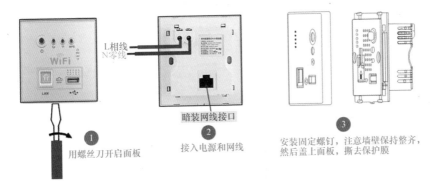

图 3-29   86 型墙壁式 wifi 无线路由器安装

3.20   触摸延时开关

触摸延时开关在使用时，只要用手指摸一下触摸电极，则灯点亮，延时若干分钟后会自动熄灭。

触摸延时开关，可以用于楼梯间、卫生间、走廊、仓库、地下通道、车库等场所的自控照明，尤其适合常忘记关灯，关排气扇场所，从而避免长明灯浪费的现象。

触摸延时开关的触摸金属片地极零线电压小于 36V 的人体安全电压，使用对人体无害。

86 型两线制触摸延时开关，可以

直接取代普通开关，可以带动荧光灯、节能灯、白炽灯、风扇等各类负载。

86 型暗装智能触摸墙壁延时开关外形与接线如图 3-30 所示。

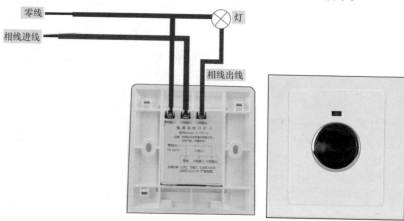

图 3-30　86 型暗装智能触摸墙壁延时开关外形与接线

2 线制触摸开关外形与接线如图 3-31 所示。

图 3-31　2 线制触摸开关外形与接线

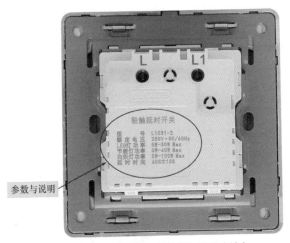

图 3-31　2 线制触摸开关外形与接线（续）

3.21　USB 开关插座面板

　　USB 开关插座面板，可以分为双 USB 开关插座面板、单 USB 开关插座面板等类型，其可以实现 USB 插座的方便应用，USB 开关插座面板图例如图 3-32 所示。

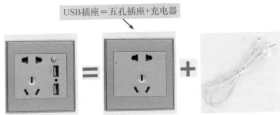

USB插座＝五孔插座+充电器

图 3-32　USB 开关插座面板

3.22　弱电地面插座

　　弱电地面插座的类型多，根据实际情况选择。一些弱电地面插座的特点见表 3-2。

表 3-2　一些弱电地面插座的特点

名称	图　例
弹起式电话、电脑地板地面插座	外形尺寸——120mm×120mm 安装孔距——80~85mm 接线端子——螺旋式 额定参数——10A、250V 暗装弹起式地面插座
弹起式电视电脑地板地面插座	外形尺寸——120mm×120mm 安装孔距——80~85mm 接线端子——螺旋式 额定参数——10A、250V 暗装弹起式地面插座
弹起两位电脑插座地面插座	外形尺寸——120mm×120mm 安装孔距——80~85mm 接线端子——螺旋式 额定参数——10A、250V 暗装弹起式地面插座
弹起式电视电话电脑地面插座	外形尺寸——120mm×120mm 安装孔距——80~85mm 接线端子——螺旋式 额定参数——10A、250V 暗装弹起式地面插座

3.23 明装插座

一些明装插座外形与其接线特点见表 3-3。

表 3-3 一些明装插座外形与其接线特点

名称	图例
86 型明装电视插座	
86 型明装一位二芯电话插座	
86 型电脑网络、开关插座	
86 型有线、电话插座	
86 型明装电视、电脑插座	
86 型明装电话电脑插座	

（续）

名称	图例
86 型明装二位电脑插座	
86 型明装二位电视插座	

3.24 弱电箱

弱电箱是较弱电压线路的集中箱，一般用于家装中网线、电话线、电脑的显示器、USB 线、电视 VGA、色差、天线等放置其中。如果不采用弱电箱，则会出现一大团线，非常乱。

弱电箱种类多，内部板块不同。一些弱电箱的参数如图 3-33 所示。

家装弱电箱的一般大小为 320mm×260mm，但是随着弱电产品、用途的变化，则需要根据自家需求选用合适大小的弱电箱。弱电箱一般有明装、暗装类型。明装弱电箱就是采用挂在墙壁或者放在角落里的安装方式。暗装弱电箱是将箱嵌入到墙体里，并且一般安装在离地 30cm 左右，以及安装需要考虑墙体厚度是否能够足够承载弱电箱箱体。

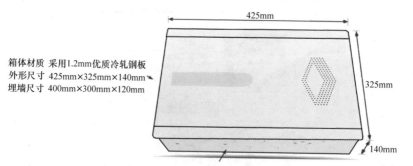

箱体材质 采用1.2mm优质冷轧钢板
外形尺寸 425mm×325mm×140mm
埋墙尺寸 400mm×300mm×120mm

425mm
325mm
140mm

主要配置: 有线电视四分配器×1; 一进四出电话模块×1; 可翻转光纤×1; 接线板×1

普通弱电箱

图 3-33　一些弱电箱的参数

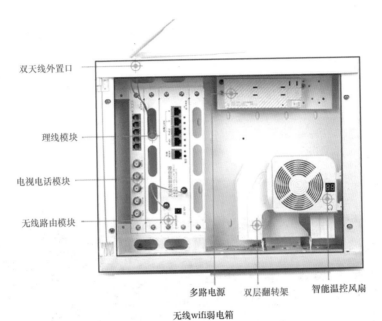

双天线外置口

理线模块

电视电话模块

无线路由模块

多路电源　　双层翻转架　　智能温控风扇

无线wifi弱电箱

图 3-33　一些弱电箱的参数（续）

第 4 章

水暖管建材—— 一看就懂

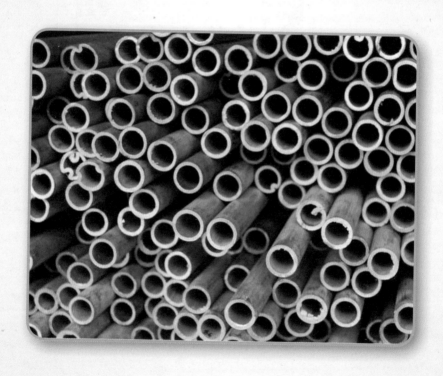

4.1 给水管概述

一些给水管的特点见表4-1。

表 4-1 一些给水管的特点

名 称	解 说
镀锌铁给水管	镀锌铁管的锈蚀，会造成水中重金属含量过高，影响人体健康，目前，家装明令禁止使用镀锌铁给水管
铜管给水管	铜管具有价格比较昂贵、施工较方便、具有铜蚀等特点
不锈钢管	不锈钢管具有较为耐用、价格较高、施工工艺要求比较高、现场加工非常困难等特点
铝塑复合管	铝塑复合管具有质轻、耐用、施工方便、可弯曲性更适合在家装中使用、用作热水管使用时由于长期的热胀冷缩会造成管壁错位以致造成渗漏等特点
不锈钢复合管	不锈钢复合管与铝塑复合管在结构上差不多，在一定程度上，性能也比较相近。不锈钢复合管施工工艺难
PVC 管	PVC(聚氯乙烯)塑料管中的化学添加剂酞，对人体内肾、肝、睾丸影响甚大，会导致癌症、肾损坏，破坏人体功能再造系统，影响发育。PVC(聚氯乙烯)塑料管不能够适用于水管的承压要求，因此，PVC 管主要适用于电线管道、排污管道
PP（聚丙烯）管	PP(聚丙烯)管道是采用 PP(聚丙烯)专用料加有必要添加剂的混配料。PP 管道专用料的类型如下： PP-H：均聚聚丙烯，适应于工业管、灌溉管等的使用。 PP-B：耐冲击共聚聚丙烯（又称为嵌段共聚聚丙烯），其是由 PP-H 和（或）PP-R 与橡胶相形成的两相或多相丙烯共聚物。适应于建筑内冷水管、低温热水管、工业排污管等的使用 PP-R：无规共聚聚丙烯，适应于建筑内冷热水管（160mm 以下）的使用
PP-C	PP-C 为改性共聚丙烯管，PP-C（B）与 PP-R 的物理特性基本相似，应用范围基本相同，工程中可以替换使用 PP-C（B）与 PP-R 主要差别为 PP-C（B）材料耐低温脆性优于 PP-R。PP-R 材料耐高温性优于 PP-C(B)。实际应用中，当液体介质温度≤5℃时，可以优先选用 PP-C（B）管。当液体介质温度≥65℃时，可以优先选用 PP-R 管。当液体介质温度 5~65℃间区域时，则 PP-C（B）与 PP-R 的使用性能基本一致

各 PP（聚丙烯）管的比较见表4-2。

表 4-2 各 PP（聚丙烯）管的比较

性能	PP-H	PP-B	PP-R
刚性	高	中	低
冲击强度	低	高	中
弹性	低	中	高
透明度	中	低	高
热变形温度	高	中	低
常温下爆破强度	高	中	中
耐腐蚀性	高	中	中

选择家居装饰管材方法如下：

生活给水管管径小于或等于150mm时——选择镀锌钢管或给水塑料管。

生活给水管管径大于150mm时——可以采用给水铸铁管。

生活给水管埋地敷设，管径等于或大于75mm时——宜采用给水铸铁管。

大便器、大便槽、小便槽的冲洗管——宜采用给水塑料管。

给水管道引入管的管径——不宜小于20mm。

生活或给水管道的水流速度——不宜大于2.0m/s。

4.2 不锈钢管

不锈钢管属于金属管。不锈钢水管是最好的直接饮用水输送管材，其具有低漏水率，与铜水管相比，不锈钢水管的通水性好，以及保温性是铜管的24倍。

不锈钢材料是可以植入人体的健康材料，因此，对供水管而言，选用不锈钢管道是最有利健康的。

金属管的规格与特点如图4-1所示。

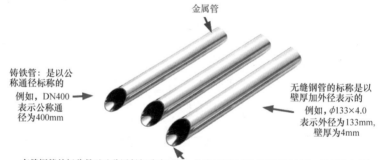

金属管

铸铁管：是以公称通径标称的
例如，DN400表示公称通径为400mm

无缝钢管的标称是以壁厚加外径表示的
例如，$\phi133\times4.0$表示外径为133mm,壁厚为4mm

有缝钢管的标称是以公称通径标称表示的，公称通径是就内径而言的标准，是近似内径但并不是实际内径。有缝钢管的标称公称通径用字母DN作为标志符号，符号后面标明尺寸

例如，DN100
表示公称通径为100mm

管子直径的单位一般是ϕ，一般是mm做为单位

球阀 流量通径(DN)约等于要买多少管子直径长(ϕ)的参数数据。

DN8 ≈	1/4″	≈ 2分	≈ 管子直径 $\phi13$
DN10 ≈	3/8″	≈ 3分	≈ 管子直径 $\phi16$
DN15 ≈	1/2″	≈ 4分	≈ 管子直径 $\phi20$
DN20 ≈	3/4″	≈ 6分	≈ 管子直径 $\phi26$
DN25 ≈	1″	≈ 1寸	≈ 管子直径 $\phi32$
DN32 ≈	1 1/4″	≈ 1.2寸	≈ 管子直径 $\phi41$
DN40 ≈	1 1/2″	≈ 1.5寸	≈ 管子直径 $\phi47$
DN50 ≈	2″	≈ 2寸	≈ 管子直径 $\phi59$
DN65 ≈	2 1/2″	≈ 2.5寸	≈ 管子直径 $\phi75$
DN80 ≈	3″	≈ 3寸	≈ 管子直径 $\phi89$
DN100 ≈	4″	≈ 4寸	≈ 管子直径 $\phi113$

图4-1 金属管的规格与特点

不锈钢水管的分类如下：

1. 根据生产方法

（1）无缝管——冷拔管、挤压管、冷轧管。

（2）焊管根据工艺分——气体保护焊管、电弧焊管、电阻焊管（高频、低频）等。

（3）焊管根据焊缝分——直缝焊管、螺旋焊管等。

2. 根据壁厚分——薄壁钢管、厚壁钢管等。

3. 根据材质分——304不锈钢水管、304L不锈钢水管、316不锈钢水管、316L不锈钢水管等。

不锈钢水管的材质判断如图4-2所示。

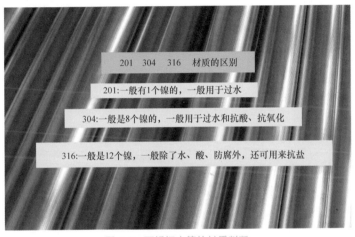

图4-2　不锈钢水管的材质判断

不锈钢水管的连接方式有挤压式连接、扩环式连接、焊接式连接、插合自锁卡簧式连接等。

4.3　PPR管

PPR管又叫三型聚丙烯管、无规共聚聚丙烯管等。PPR管一般是4m一根，有的网购的是2m一根。PPR管的规格图例如图4-3所示。家装用PPR公称外径常为DN20~DN32，管系列为S2.5、S3.2、S4、S5等。S3.2和S2.5热水管是家庭用的热水管道。家装中用到的PPR管主要是20mm、25mm两种规格。该两种规格的管也俗称4分管、6分管，其中6分管用的比较多。一些家装用PPR管的规格表见表4-3。家装用PPR管的应用如图4-4所示。

家装用PPR管有冷水管、热水管之分。PPR冷水管、热水管的主要区别在于耐受压力不同，冷水管的耐受压力是1.6或1.0MPa，热水管的耐受压力是2.0或1.6MPa。PPR冷水管一般用做自来水管，热水管一般用做暖气连接管，以及用于热水器的热水管路。如果将冷水管用在工作压力较大的热水管路上，则容易造成管壁破裂。热水管当冷水管用，是可以的。

规格	壁厚	承受水压	耐温范围/℃
20 (4分)	2.8mm	2.0MPa (20kg)	−30～110°
20 (4分)	3.4mm	2.5MPa (25kg)	−30～110°
25 (6分)	4.2mm	2.5MPa (25kg)	−30～110°
25 (6分)	3.5mm	2.0MPa (20kg)	−30～110°
32 (1吋①)	4.4mm	2.0MPa (20kg)	−30～110°

图 4-3　PPR 管的规格图例

① 1 吋即 1 英寸，等于 0.0254m。

表 4-3　家装用 PPR 冷热给水管规格

公称外径 DN	公称壁厚 en/mm			
	管系列 S（20℃时公称压力 /MPa）			
	S5(PN1.25)	S4(PN1.6)	S3.2(PN2.0)	S2.5(PN2.5)
16	/	2.0	2.2	2.7
20	2.0	2.3	2.8	3.4
25	2.3	2.8	3.5	4.2
32	2.9	3.6	4.4	5.4
40	3.7	4.5	5.5	6.7
50	4.6	5.6	6.9	8.3
63	5.8	7.1	8.6	10.5
75	6.8	8.4	10.3	12.5
90	8.2	10.1	12.3	15
110	10	12.3	15.1	18.3

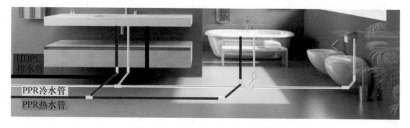

图 4-4　家装用 PPR 管的应用

冷水管与热水管因耐受压力不同，则壁厚不同，价格也不同。热水管比冷水管的管壁厚，价钱要贵。热水管上标识一般为红线，如图4-5所示。

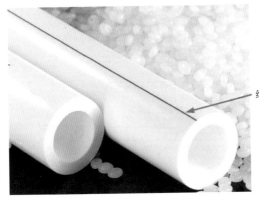

红色线表示热水管标志

图4-5 热水管上标识一般为红线

PPR管优劣的判断方法见表4-4。

表4-4 PPR管优劣的判断方法

方法	劣质管	优质管
看	色泽不自然、切口断面干涩无油质感、感觉像加入了粉笔灰等	色泽柔亮有油质感、外表磨砂、内壁光滑、嵌件光亮、结构紧密等
摸	内壁粗糙有凹凸感	内外壁光滑、无凹凸裂纹、外丝有滚花小齿、有加筋等
掂	劣质PPR水管要比优质的轻一些	用手掂掂份量要比劣质PPR水管重一些
烧	不能够耐高温	耐高温

家装用PPR水管表示方法的识读与其标注如图4-6所示。

公称外径、任一点外径、平均外径区别与联系

以DN20的PPR管为例：
公称外径为20mm；
任一点外径可能大于20mm，也可能小于20mm；
平均外径一定大于20mm,取值范围小于20.3mm

图4-6 家装用PPR水管表示方法的识读与其标注

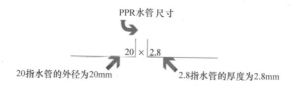

PPR水管尺寸

20 × 2.8

20指水管的外径为20mm   2.8指水管的厚度为2.8mm

20×3.4、25×2.5、
25×4.2、32×4.4……以此类推

PP-R管材规格用管系类、公称外径
DN×公称壁厚en表示
例如,S5 DN32×en2.9mm
表示管系类S5、公称外径为32mm,
公称壁厚为2.9mm

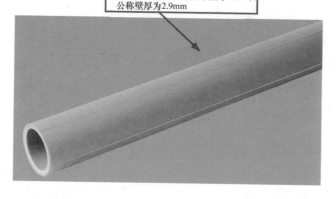

图 4-6 家装用 PPR 水管表示方法的识读与其标注（续）

家装用 PPR 冷给水管、热给水管安装一些注意事项如下：

（1）搬运时，需要小心避免过度的冲撞、碰击管件。

（2）PPR 冷热给水管的安装方式（常用敷设方式）如下：埋地敷设、吊顶内敷设、嵌墙敷设等。

（3）管材、管件要避免过于暴露而受到过多的紫外线辐射，装在室外的管道一般都要隔热，既能够防止热损失，还能免受紫外线侵害。

（4）一般的 PPR 管子剪刀均可以剪 PVC 管。大 PPR 管子剪刀，最大可剪 32mm 的 PPR 管。

（5）如果需对焊接部位作一些小纠正时，调整角度不可超过 5°，在焊接完成后要立即进行修正。如果修正不及时就会导致缺陷的产生。

（6）要避免管道的热弯曲。如果非用热弯不可，只能够用热空气，禁止使用明火对管加热。

（7）在输送热水时，需要考虑 PPR 管道的膨胀特性。

（8）要在工作台上尽量多的进行工作，这样既能够节省时间，又能够提高系统的牢固程度。

（9）PPR 冷热给水管支吊架安装要求见表 4-5。

表 4-5　PPR 冷热给水管支吊架安装要求

热水管支吊架最大间距			冷水管支吊架最大间距		
公称外径 DN /mm	横管 /mm	立管 /mm	公称外径 DN /mm	横管 /mm	立管 /mm
20	300	400	20	600	900
25	350	450	25	700	1000
32	400	520	32	800	1100
40	500	650	40	900	1300
50	600	780	50	1000	1600
63	700	910	63	1100	1800
75	800	1040	75	1200	2000
90	1200	1560	90	1350	2200
110	1300	1700	110	1550	2400

（10）PPR 冷热给水管保温厚度要求见表 4-6。

表 4-6　PPR 冷热给水管保温厚度要求

规格 /mm	16	20	25	32	40	50	63	75	90	110
厚度 /mm	6.1	6.1	6.0	9.4	9.3	9.0	13.1	15.6	18.8	23.1

4.4　PPR 管附件

常见的 PPR 管附件如图 4-7 所示。

等径三通　　　内丝三通　　　直通　　　　45°弯头　　　90°弯头

外丝弯头　　外丝接头　　　内丝弯头　　　截止阀　　　双活接球阀

内丝接头　　管堵　　　塑料小管卡　　过桥弯　　连体阴弯　　卜申

图 4-7　常见的 PPR 管附件

丝口端则是用来连接水龙头、三角阀等
卫浴配件，一般常用的是1/2″规格

塑口端与水管热熔
连接

丝口端

塑口端

1/2和3/4表示丝口端的规格

20和25表示塑口端的规格

弯头、三通等配件采用注塑工艺生产，注塑工艺是通
过螺杆转动将塑化好的原料入到特定的磨具中，原料
先分，再融合成，融合时形成注塑模痕

模痕对 PPR管 质量、安装使用没有任何影响

PPR管件注塑模痕

管材的嵌件部分采用特殊高标准环保黄铜，不
锈蚀，表面无需铬镍电镀,卫生性能符合要求，
嵌件品韧性好，不会出现冲击开裂的现象

双螺纹设计
可在缠绕生料带时防止打滑，
使阴阳螺纹连接跟紧，防止
跑冒滴漏

加强筋可增加管件与混凝土的接触,
确保在安装旋转龙头角阀等配件时
不会损坏管道

图 4-7　常见的 PPR 管附件（续）

家居常见的 PPR 管附件应用见表 4-7、表 4-8。

表 4-7　家居常见的 PPR 管附件应用（一）

产品名称	图片	房型	常用数量	产品用途
等径三通		一厨一卫 一厨两卫	8 只 10 只	用于把一路水管分成两路的地方
过桥弯		一厨一卫 一厨两卫	3 只 5 只	用于使两个交叉走向的水管错开
堵头		一厨一卫 一厨两卫	7 只 14 只	用于临时堵住带丝口的出水口配件，起密封作用
内线弯头		一厨一卫 一厨两卫	7 只 12 只	用于接水龙头、角阀等需要丝口的配件
内丝直接		一厨一卫 一厨两卫	3 只 4 只	用于直接穿墙的水管，连接水龙头、洗衣机、草坪等
内丝三通		一厨一卫 一厨两卫	1 只 2 只	用于管路之间接一个出水口，如拖把池龙头、洗衣机龙头等
异径直接		一厨一卫 一厨两卫	约 1~2 只 约 1~2 只	用于变换管路大小的连接配件，6 分管转 4 分管
PPR 水管		一厨一卫 一厨两卫	40m 72m	防霉菌耐用防漏
直接		一厨一卫 一厨两卫	14 只 18 只	用于衔接两条直路走向的水管，因为有时一根管子不能满足所需长度
90° 弯头		一厨一卫 一厨两卫	35 只 66 只	用于管道需要转 90° 弯的连接配件
45° 弯头		一厨一卫 一厨两卫	7 只 10 只	用于管道需要转 45° 弯的连接配件

（续）

产品名称	图片	房型	常用数量	产品用途
截止阀		一厨两卫	2只	一般装在水表前后作为入户主阀，起开关作用
双活接球阀		一厨两卫	2只	作用类似于截止阀，开合方便

表 4-8　家居常见的 PPR 管附件应用（二）

名　称	图　片	适用管材	位置及长度、数量
热水管		4分管 20mm 或 6分管 25mm	一卫一厨 + 阳台约 40m 两卫一厨 + 阳台约 70m
45°弯头		4分管 20mm 或 6分管 25mm	一卫一厨 + 阳台约 7 个 两卫一厨 + 阳台约 10 个
三通		4分管 20mm 或 6分管 25mm	一卫一厨 + 阳台约 8 个 两卫一厨 + 阳台约 10 个
直接		4分管 20mm 或 6分管 25mm	一卫一厨 + 阳台约 7 个 两卫一厨 + 阳台约 9 个
90°弯头		4分管 20mm 或 6分管 25mm	一卫一厨 + 阳台约 35 个 两卫一厨 + 阳台约 66 个
内丝弯头		4分管 20mm 或 6分管 25mm	一卫一厨 + 阳台约 1 个 两卫一厨 + 阳台约 12 个
内丝三通		4分管 20mm 或 6分管 25mm	一卫一厨 + 阳台约 1 个 两卫一厨 + 阳台约 2 个
管卡		4分管 20mm 或 6分管 25mm	一卫一厨 + 阳台约 30 个 两卫一厨 + 阳台约 68 个
过桥		4分管 20mm 或 6分管 25mm	一卫一厨 + 阳台约 2 个 两卫一厨 + 阳台约 3 个
堵头		4分管 20mm 或 6分管 25mm	一卫一厨 + 阳台约 11 个 两卫一厨 + 阳台约 14 个

4.5　一些 PPR 附件尺寸

一些 PPR 附件尺寸如图 4-8 所示。

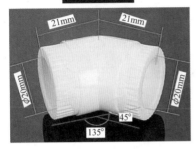

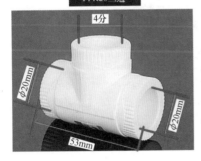
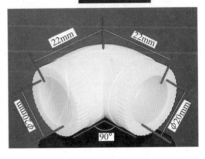

图 4-8　一些 PPR 附件尺寸

PPR20 活接

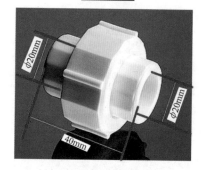

PPR20×4分 外牙直接

PPR20×4分 外牙三通

PPR20×4分 外牙弯头

PPR20×4分 内牙直接

PPR20×4分 内牙弯头

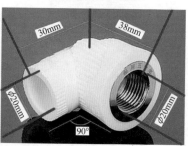

图 4-8　一些 PPR 附件尺寸（续）

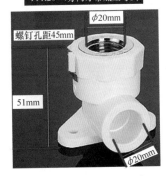

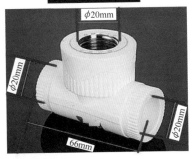

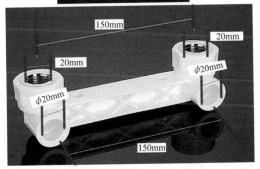

图 4-8 一些 PPR 附件尺寸（续）

家装用 PPR 冷热给水管管件规格见表 4-9。

表 4-9 家装用 PPR 冷热给水管管件规格

名　　称	规格型号	名　　称	规格型号
90° 弯头	D20	等三通	D25
	D25		D32
	D32	异径管	D25/20
直通	D20		D32/20
	D25		D32/25
	D32	卜申	D25/20
45° 弯头	D20		D32/20
	D25		D32/25
	D32	异三通	D25/20/25
等三通	D20		D32/20/32
			D32/25/32

（续）

名　　称	规格型号	名　　称	规格型号
90° 异径弯头	D25/20	阳接	D25*3/4
阴弯	D20*1/2	阴接	D20*1/2
	D25*1/2		D25*1/2
	D25*3/4		D25*3/4
	D32*1		D32*1
阳弯	D20*1/2	阴三通	D20*1/2*20
	D25*1/2		D25*1/2*25
	D25*3/4		D25*3/4*25
阳接	D20*1/2		D32*1*32
		连体阴弯	D20*1/2
	D25*1/2		D25*1/2
		连体阴三通	D20*1/2*20

家装用 PPR 冷热给水管管件规格名称如图 4-9 所示。

管件的直径往往是指内径！
常见的表示(单位)换算如下

20=4分=1/2 直径20毫米(mm)	25=6分=3/4″ 直径25mm	32=1寸=1F 直径32mm

PPR管	规格					
	管材的尺寸是指外径　管件的尺寸是指内径					
管材外径	ϕ20mm	ϕ25mm	ϕ32mm	ϕ40mm	ϕ50mm	ϕ63mm
国内常用叫法	4分	6分	1吋	1.2吋	1.5吋	2吋
PPR带螺纹系列	S表示直接　L表示弯头　T表示三通　F表示内丝　M表示内丝					

	规格					
螺纹规格	1/2吋	3/4吋	1吋	11/4吋	11/2吋	2吋
国内常用叫法	4分	6分	1吋	1.2吋	1.5吋	2吋
对应尺寸/mm	DN15≈20	DN20≈25	DN25≈32	DN32≈10	DN40≈50	DN50≈63

图 4-9　家装用 PPR 冷热给水管管件规格名称

4.6 PPR 马鞍形阴螺纹接头

PPR 马鞍形阴螺纹接头的特点与应用如图 4-10 所示。

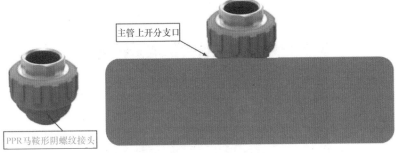

主管上开分支口

PPR马鞍形阴螺纹接头

图 4-10 　PPR 马鞍形阴螺纹接头的特点与应用

4.7 加长阴螺纹接头

加长阴螺纹接头的特点与应用如图 4-11 所示。

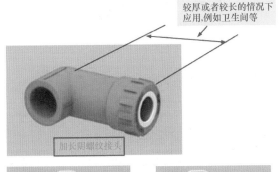

较厚或者较长的情况下
应用,例如卫生间等

加长阴螺纹接头

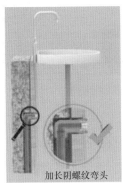

阴螺纹弯头　　　　　　　　　　加长阴螺纹弯头

图 4-11 　加长阴螺纹接头的特点与应用

4.8 等三通

等三通的特点与应用如图 4-12 所示。

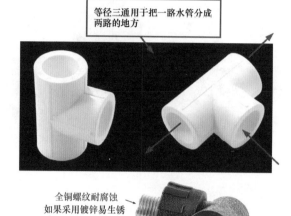

等径三通用于把一路水管分成
两路的地方

全铜螺纹耐腐蚀
如果采用镀锌易生锈

图 4-12　等三通的特点与应用

4.9 PPR 异面三通

PPR 异面三通特点与应用如图 4-13 所示。

PPR异面三通

1个90°弯头
1个等径三通
4段管材
5个焊接点

1个异面三通
3段管材
3个焊接点

图 4-13　PPR 异面三通特点与应用

4.10 PPR 连体三通

　　PPR 连体三通，又叫做内丝连体弯头、PPR 内牙连体座弯等。不同的 PPR 连体阴三通外形有差异。一些

PPR 连体三通为内丝排弯 90°弯头、PPR 内丝直接连体弯头、加厚型双联连体弯头、PPR 内丝排弯三通、PPR

连体座弯三通等。常见的规格有 PPR4
分、6 分，也就是 20 的、25 的。

　　PPR 连体三通有的表示方法为：
L20 × 1/2 连体内牙三通、L25 × 1/2 连
体内牙三通。

　　PPR 连体三通特点与应用如图
4-14 所示。

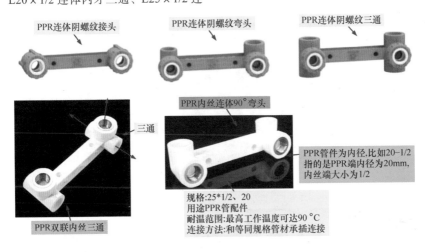

图 4-14　PPR 连体三通特点与应用

4.11　PPR 活接

　　PPR 活 接，可 以 分 为 PPR 内
丝铜活接、外丝铜活接，规格分为
20/25/32 铜活接头。PPR 活接特点与
应用如图 4-15 所示。

图 4-15　PPR 活接特点与应用

4.12　PPR 管件管夹管卡

　　PPR 管件管夹管卡分为 16、20、
25、32、1 寸、4 分、6 分 等，一 些

　　PPR 管卡的规格如图 4-16 所示。

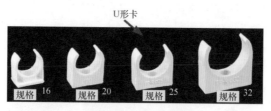

打好眼后用木工螺钉和膨胀管即可安装

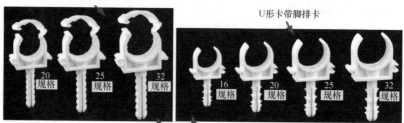

打好眼后用钢钉或水泥钉即可安装

图 4-16　一些 PPR 管卡的规格

有的管卡可以并排扣起来，如图 4-17 所示。

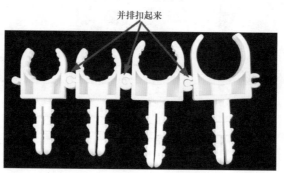

图 4-17　有的管卡可以并排扣

4.13 PPR 塑料外丝堵头

PPR 塑料外丝堵头分为 4 分外牙管堵带橡胶垫、普通 PPR 塑料外丝堵头等，其中 4 分外牙管堵带橡胶垫使用时，不需要用生料带缠，如图 4-18 所示。

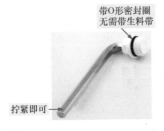

带O形密封圈
无需带生料带

拧紧即可

原缝生料带管堵

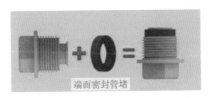

端面密封管堵

图 4-18　PPR 塑料外丝堵头

PPR 阴螺纹接头的表示识读如下：

D25*3/4

3/4″ ——表示是 3/4 英寸的管螺纹。
D25——表示外径为 25mm。

D20*1/2

1/2″ ——表示是 1/2 英寸的管螺纹。
D20——表示外径是 20mm。

PPR 阴螺纹接头的表示识读图例如图 4-19 所示。

接头尺寸 ← 25*3/4 → 螺纹尺寸

直径25mm管

3/4螺纹
6分螺纹配件

图 4-19　PPR 阴螺纹接头的表示识读图例

PPR 阴螺纹接头的表示中 3/4″ 是英制，1″ 即 1 英寸，1 英寸 =8 分，3/4″ 为 6 分的管螺纹。D20 是公制，1 英寸 =25.4mm，则（25.4/8）× 6=19.05，然后公制取值为 20mm。其余的，以此类推即可。

4.14 F-PPR 管材

F-PPR 管材最外层材料为 PPR，因此，F-PPR 管材可以用 PPR 管件进行热熔承插连接形成管道系统。F-PPR 管材进行连接时，要求热熔温度达到 260℃，管材与管件进行表面清洁后，同时在热熔器上加热适当时间，再进行插接、热熔连接。

F-PPR 管材的结构如图 4-20 所示。

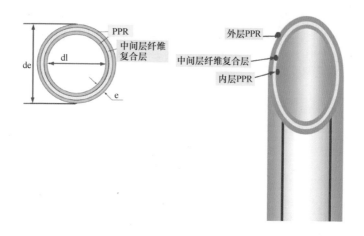

图 4-20   F-PPR 管材的结构

F-PPR 管材与其他塑料管材热膨胀情况对比如图 4-21 所示。

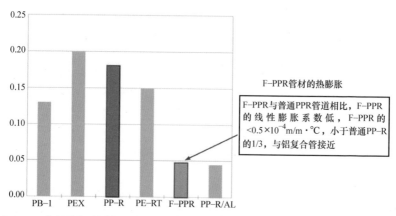

F-PPR管材的热膨胀

F-PPR与普通PPR管道相比，F-PPR 的线性膨胀系数低，F-PPR 的 $<0.5\times10^{-4}$ m/m·℃，小于普通PP-R 的1/3，与铝复合管接近

热膨胀 ↔ 塑料管道材料受热，在径向和长度方向上都会产生一定的变化

长度方向(轴向)上的热膨胀特性 → 主要由材料的线性膨胀系数决定

相同的环境变化条件，材料的线性膨胀系数越小 → 管道在长度方向的尺寸稳定性就越好

图 4-21   F-PPR 管材与其他塑料管材热膨胀情况对比

F-PPR 管材与 PPR 管材热膨胀情况对比如图 4-22 所示。

图 4-22　F-PPR 管材与 PPR 管材热膨胀情况对比

F-PPR 管材规格见表 4-10。

表 4-10　F-PPR 管材规格

公称外径 DN/mm		20	25	32	40	50	63	75	90	110
总壁厚 （管系列 S）/mm	S3.2 （PN2.0）	2.8	3.5	4.4	5.5	6.9	8.6	10.3	12.3	15.1
	S2.5 （PN2.5）	3.4	4.2	5.4	6.7	8.3	10.5	12.5	15.0	18.3

F-PPR 管材 (家装专用) 管件见表 4-11。

表 4-11　F-PPR 管材 (家装专用) 管件

名称	规格型号	名称	规格型号
90° 弯头	D20	90° 异径弯头	D25/20
	D25	阴弯	D20*1/2
	D32		D25*1/2
直通	D20		D25*3/4
	D25		D32*1
	D32	阳弯	D20*1/2
45° 弯头	D20		D25*1/2
	D25		D25*3/4
	D32	阳接	D20*1/2
等三通	D20		D25*1/2
	D25		D25*3/4
	D32	阴接	D20*1/2
异径管	D25/20		D25*1/2
	D32/20		D25*3/4
	D32/25		D32*1
卜申	D25/20	阴三通	D20*1/2*20
	D32/20		D25*1/2*25
	D32/25		D25*3/4*25
异三通	D25/20/25		D32*1*32
	D32/20/32	连体阴弯	D20*1/2
	D32/25/32		D25*1/2
		连体阴三通	D20*1/2*20

F-PPR 管材，需要考虑热膨胀量的情况与估计方法。

F-PPR 管道系统的工作温度变化超过 20℃，管材自由长度超过 1m，应考虑管子热膨胀量。

F-PPR 管道管子热膨胀量计算公式：

$$\Delta L = \Delta T * L * \alpha$$
$$\Delta T = 0.65 \Delta t_s + 0.10 \Delta t_g$$

式中　ΔL ——管道伸缩长度（mm）；

　　　ΔT ——计算温度（℃）；

　　　L ——自由管段长度；

　　　α ——线膨胀系统（mm/m.℃），对 F-PPR，$\alpha = 0.05$mm/m.℃；

　　　Δt_s ——管道内水的最大变化温差（℃）；

　　　Δt_g ——管道外空气的最大变化温差（℃）。

举例　某小区分别使用 PPR 与 F-PPR 管道作为供暖管道，假设管道外空气的最大变化温差为 40℃，管道内水的最大变化温差为 60℃。

则

$$\Delta T = 0.65 \Delta t_s + 0.01 \Delta t_g = 43℃$$

管材自由长度为 2m 时

PPR 管道

$$\Delta L = \Delta T * L * \alpha = 43 \times 2 \times 0.16 = 13.8\text{mm}$$

数值说明尺寸变化明显

F-PPR 管道

$$\Delta L = \Delta T * L * \alpha = 43 \times 2 \times 0.05 = 4.3\text{mm}。$$

数值说明尺寸变化不大。

F-PPR 管材系列的选择见表 4-12。

表 4-12　F-PPR 管材系列的选择

温度 /℃	运行年限	管系列 S		温度 /℃	运行年限	管系列 S	
		3.2	2.5			3.2	2.5
		允许使用压力 /MPa				允许使用压力 /MPa	
20	10	2.63	3.36	60	10	1.33	1.70
	25	2.50	3.20		25	1.27	1.62
	50	2.43	3.10		50	1.23	1.57
30	10	2.18	2.78	70	10	1.10	1.41
	25	2.10	2.69		25	0.95	1.22
	50	2.05	2.62		50	0.81	1.04
40	10	1.85	2.37	80	10	0.78	0.99
	25	1.80	2.30		25	0.60	0.77
	50	1.73	2.21		50	0.54	0.69
50	10	1.58	2.02	90	10	0.43	0.54
	25	1.50	1.92		25	0.40	0.51
	50	1.45	1.86		50	0.34	0.44

F-PPR 管材热熔连接的一些注意点如下：

（1）切割管材，必须使端面垂直于管轴线。

（2）管材切割，一般使用管子剪或管道切割机，必要时可使用锋利的钢锯，但是切割后管材断面，需要去除毛边、毛刺。

（3）管材与管件连接端面，需要清洁、干燥、无油。

（4）用卡尺、合适的笔，在管端测量，以及标出热熔深度。

（5）热熔工具接通电源，到达工作温度指示灯亮后，才能够开始操作。

（6）熔接弯头、三通时，需要根据有关要求，注意方向。管件、管材的直线方向上，需要用辅助标志标出其位置。

（7）F-PPR 管材熔解时间见表 4-13。

表 4-13 F-PPR 管材熔解时间

公称外径 DN/mm	热熔深度 /mm	加热时间 /s	加工时间 /s	冷却时间 /min
20	14	5	4	3
25	16	7	4	3
32	20	8	4	4
40	21	12	6	4
50	22.5	18	6	5
63	24	24	6	6
75	26	30	10	8
90	32	40	10	8
110	38.5	50	15	10

4.15 PPR 塑铝稳态管

PPR 塑铝稳态管是金属管材与塑料管材的结合，集金属管刚性强，不易变形和塑料管卫生、耐腐蚀、连接可靠等特点于一身。

PPR 塑铝稳态管特别适合于明装、高水压用管。

PPR 塑铝稳态复合管的结构：中间层为焊接铝管、内外层为 PPR 塑料、铝管与内外层 PPR 间为 PP 基热熔胶，中间的铝合金管层为整个管道核心骨架。PPR 塑铝稳态管的结构如图 4-23 所示。

PPR 塑铝稳态管中间铝层隔绝外部空气，阻隔管道外部氧气渗入，同时抑制管道内细菌存活滋生，保证管材内水的卫生健康。

PPR 塑铝稳态复合管线性膨胀性能接近于金属材料。PPR 塑铝稳态复合管安装使用时，无明显热胀冷缩。

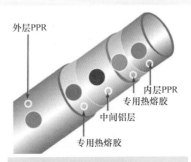

图 4-23 PPR 塑铝稳态管的结构

PPR 塑铝稳态管外层 PPR，可防止中间铝层氧化。中间铝层可有效阻隔紫外线。PPR 塑铝稳态复合管用于户外及明装时，无需考虑其他防紫外线措施。因此，PPR 塑铝稳态复合管可以应用于太阳能、热能系统户外施工。

PPR 塑铝稳态管中间铝层的加入提

高了管材的刚性，使得PPR塑铝稳态复合管比普通PPR管的承压能力更高。

PPR塑铝稳态复合管的连接是将内管与同材质PPR管件进行热熔承插，形成密封一体的系统，不会渗漏。

PPR塑铝稳态复合管中间有金属层，则容易被探测。因此，当管道敷设于墙内或地下时，能够为后期施工寻找合适位置等提供便利。

PPR塑铝稳态复合管在高温热水、暖通领域、户外明装管道应用上等具有明显的优势。

PPR塑铝稳态管与PPR、PEX管的比较见表4-14。

表4-14　PPR塑铝稳态管与PPR、PEX管的比较

项目	PPR塑铝稳态管	PEX铝复合管	PPR管道
结构形式	PPR/粘结剂/铝/粘结剂/PP-R	PEX/粘结剂/AL/粘结剂/PEX	一次挤出成型
耐腐蚀性能	好	好	好
渗透性	不透氧	不透氧	透氧
外观质量	一般	一般	好
使用变形情况	变形小	变形小	变形较大
连接方式及可靠性	热熔连接，可靠性好	丝扣或卡环连接，可靠性差	热熔连接，可靠性好
施工难易程度	较方便	一般	方便
耐压性能	高	高	略低
耐热性	较高	较高	略低
低温抗冲击性能	好	好	较差

PPR铝塑稳态管管材规格见表4-15。

表4-15　PPR铝塑稳态管管材规格

内管外径及壁厚		铝层厚度/mm	外覆厚度/mm
外径/mm	壁厚/mm		
20	S3.2　2.8	0.15	0.55
	S4　2.3	0.15	0.55
	S5　2.0	0.15	0.55
25	S3.2　3.5	0.15	0.65
	S4　2.8	0.15	0.65
	S5　2.3	0.15	0.65
32	S3.2　4.4	0.15	0.65
	S4　3.6	0.15	0.65
	S5　2.9	0.15	0.65

（续）

内管外径及壁厚			铝层厚度 /mm	外覆厚度 /mm
外径 /mm		壁厚 /mm		
40	S3.2	5.6	0.15	0.75
	S4	4.5	0.15	0.75
	S5	3.7	0.15	0.75
50	S3.2	6.9	0.15	0.75
	S4	5.6	0.15	0.75
	S5	4.6	0.15	0.75
63	S3.2	8.7	0.15	0.75
	S4	7.1	0.15	0.75
	S5	5.8	0.15	0.75

PPR 塑铝稳态管的级别选择见表 4-16。

表 4-16　PPR 塑铝稳态管的级别选择

使用条件级别	T_D/℃	T_D 下的使用时间 / 年	T_{max}/℃	T_{max} 下的使用时间 / 年	T_{mal}/℃	T_{mal} 下的使用时间 /h	典型应用
1	60	49	80	1	95	100	供应热水（60℃）
2	70	49	80	1	95	100	供应热水（70℃）
4	20 40 60	2.5 20 25	70	2.5	100	100	地板采暖和低温散热器采暖
5	20 60 80	14 25 10	90	1	100	100	较高温散热器采暖

注：T_D、T_{max} 和 T_{mal} 值超出表范围时，不能用本表。

PPR 塑铝稳态管的级别选择根据设计压力来选择，具体见表 4-17。

表 4-17　PPR 塑铝稳态管的级别选择根据设计压力来选择

PPR 塑铝稳态铝复合管在进行管系列 S 的选择时，根据使用条件级别和设计压力并结合管材自身的长期静液压特性来选择合适的 S 值，以保障系统的安全运行。

设计压力 /MPa	管系列 S			
	级别 1 （供应 60℃热水）	级别 2 （供应 70℃热水）	级别 4 （地板采暖及低温散热器采暖）	级别 5 （高温散热器采暖）
0.4	4	4	4	4
0.6	4	4	4	3.2
0.8	4	2.5	4	2.5
1.0	3.2	2.5	3.2	—

PPR 塑铝稳态管的级别的选择，也可以根据表 4-18 来选择。

PPR 铝塑稳态管管件规格见表 4-19。

表 4-18　PPR 塑铝稳态管的级别的选择

温度 /℃	运行年限	管系列 S		
		3.2	4	5
		允许使用压力 /MPa		
20	10	2.63	2.10	1.68
	25	2.50	2.00	1.60
	50	2.43	1.94	1.55
30	10	2.18	1.74	1.39
	25	2.10	1.68	1.34
	50	2.05	1.64	1.31
40	10	1.85	1.48	1.18
	25	1.80	1.44	1.15
	50	1.73	1.38	1.10
50	10	1.58	1.26	1.01
	25	1.50	1.20	0.96
	50	1.45	1.16	0.93
60	10	1.33	1.06	0.85
	25	1.27	1.01	0.81
	50	1.23	0.98	0.76
70	10	1.10	0.88	0.70
	25	0.95	0.76	0.61
	50	0.81	0.65	0.52
80	10	0.78	0.62	—
	25	0.60	0.48	
	50	0.54	0.43	

表 4-19 PPR 铝塑稳态管管件规格

名　　称	规格型号	名　　称	规格型号
90° 弯头	D20	阳弯	D20*1/2
	D25		D20*3/4
	D32		D25*1/2
	D40		D25*3/4
	D50		D32*1/2
	D63		D32*3/4
直通	D20		D32*1
	D25	阳接	D20*1/2
	D32		D20*3/4
	D40		D25*1/2
	D50		D25*3/4
	D63		D32*1/2
45° 弯头	D20		D32*3/4
	D25		D32*1
	D32		D40*11/4
等三通	D16		D50*11/2
	D20		D63*2
	D25	阴接	D20*1/2
	D32		D20*3/4
	D40		D25*1/2
	D50		D25*3/4
	D63		D32*1/2
异径管	D25/20		D32*3/4
	D32/20		D32*1
	D32/25		D40*11/4
卜申	D25/20	阴接	D50*11/2
	D32/20		D63*2
	D32/25	阴三通	D20*1/2*20
异三通	D25/20/25		D20*3/4*20
	D32/20/32		D25*1/2*25
	D32/25/32		D25*3/4*25
	D40/25/40		D32*1/2*32
	D40/32/40		D32*3/4*32
	D50/25/50		D32*1*32
过桥弯	D20	阳三通	D20*1/2*20
	D25		D20*3/4*20
	D32		D25*1/2*25
90° 异径弯头	D25/20		D25*3/4*25
	D32/20		D32*1/2*32
	D32/25		D32*3/4*32
管堵	R1/2		D32*1*32
	R3/4	截止阀	D20
塑料小管卡	D20		D25
	D25		D32
塑料大管卡	D20		D40
	D25		D50
阴弯	D20*1/2	暗阀	D20
	D20*3/4		D25
	D25*1/2	连体阴弯	D20*1/2
	D25*3/4		D25*1/2
	D32*1/2	连体阴三通	D20*1/2*20
	D32*3/4	塑料抱箍	D20
	D32*1		D25

PPR 塑铝稳态管，可以用 PPR 管件进行热熔承插连接形成管道系统。PPR 塑铝稳态管安装，需要使用专用热熔工具。

PPR 塑铝稳态管热熔连接的一些注意点如下：

（1）热熔工具接通电源，到达工作温度指示灯亮后，方能够开始操作。

（2）使用管子剪或管道切割机切割管材，必须使端面垂直于管轴线。

（3）采用专用削皮工具，消除复合管连接部位的铝层，注意不要有金属残留物，并且管材与管件连接端面必须清洁、干燥、无油。

（4）用卡尺、合适的笔在管端测量，以及绘出热熔深度，热熔深度需要符合有关要求。

（5）熔接弯头、三通时，需要根据有关要求，注意方向。

（6）在管件、管材的直线方向上，用辅助标志标出其位置。

（7）连接时，无旋转地把管端导入加热套内，插入到所标识的深度。同时，无旋转地把管件推到加热头上，达到规定标志处。

（8）达到加热时间后，立即把管材与管件从加热套与加热头上同时取下，迅速无旋转的直线均匀插入到所标识深度，使接头处形成均匀凸缘。

（9）在规定的加工时间内，刚熔接好的接头还可以校正，但严禁旋转。如果在规定的加工时间外，则不能够校正刚熔接好的接头。

（10）热熔深度与加热时间、加工时间、冷却时间的要求见表 4-20。

表 4-20　热熔深度与加热时间、加工时间、冷却时间的要求

公称外径 DN/mm	热熔深度 /mm	加热时间 /s	加工时间 /s	冷却时间 /min
20	14	5	4	3
25	16	7	4	3
32	20	8	4	4
40	21	12	6	4
50	22.5	18	6	5
63	24	24	6	6

4.16　PPR 铜管

PPR 铜管的结构：铜塑管是将铜水管与 PPR 采用热熔挤制胶合而成的一种给水管。铜塑管的内层为无缝纯铜管，水完全接触于纯铜管。PPR 铜管的性能等同于铜水管。铜塑管的外层为 PPR，也就保持了 PPR 管的优点。

铜塑管与 PPR 管的安装工艺相同，比较 PPR 管，铜塑管更节能环保、健康。PPR 铜管的结构如图 4-24 所示。

图 4-24　PPR 铜管的结构

4.17 PE 给水管

PE 给水管又叫做聚乙烯材料。其是一种无毒、质量轻、耐腐蚀、抗老化、耐高温、抗振能力强、使用寿命长的一种新型管材。

PE 给水管与水泥管比较，则水泥管使用寿命短，极易造成污水渗漏，造成建筑物地基松动，甚至地面沉降。

PE 给水管与铸铁管比较，则铸铁管使用容易在内部产生水垢、水锈。

PE 给水管甚至可以在温度超过沸点时正常工作，该点是其他许多管材难以胜任的。

家装水管的安全要求也越来越高，更加倾向于选择安全环保的建材，因此，PE 给水管也开始成为人们的首选管材。

PE 给水管的规格如图 4-25 所示。

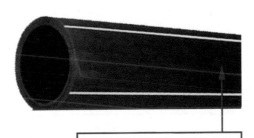

PE管材规格用材料等级、标准尺寸SDR、公称外径d_n×公称壁厚e_n表示

例如，PE80 SDRLL d_n25×e_n2.3mm
表示材料等级为PE80、标准尺寸比为SDELL、公称外径为25mm,公称壁厚为2.3mm

图 4-25 PE 给水管的规格

公装安装 PE 给水管需要开挖管槽，基本管槽开挖需呈直线。如果管道在地下连接，需要适当的增加接口处槽底宽度以方便安装对接，管道槽底宽度不宜小于 DN+0.50m。人工开挖管槽时，沟槽底部，需要平整、密实、无尖锐物体。如果存在超挖，则必须回填夯实。

家装暗装 PE 给水管，也需要开挖管槽，具体操作方法与家装暗装 PPR 给水管开挖管槽基本一样。

PE 给水管连接有热熔连接、电熔连接。热熔连接又可以分为热熔承插连接、热熔对接连接。电熔连接又可以分为电熔承插连接、电熔鞍型连接。

PE 给水管安装前，首先要检验管槽是否达到安装要求，以及查看管道外观有无裂痕、有无擦伤、有无划伤等情况。如果有隐患,则需要及时更换。

4.18 软水管概述

家装一些软水管的特点概述见表 4-21。

表 4-21　家装一些软水管的特点概述

名　称	解　说
卫生设备用软管的命名规则	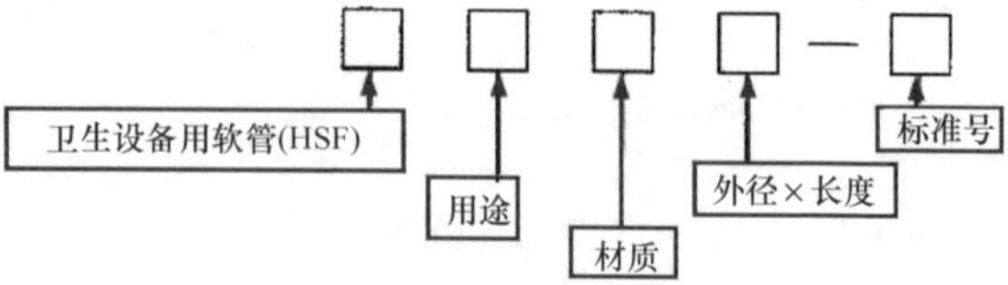 卫生设备用软管(HSF)　用途　材质　外径×长度　标准号
淋浴软管的结构	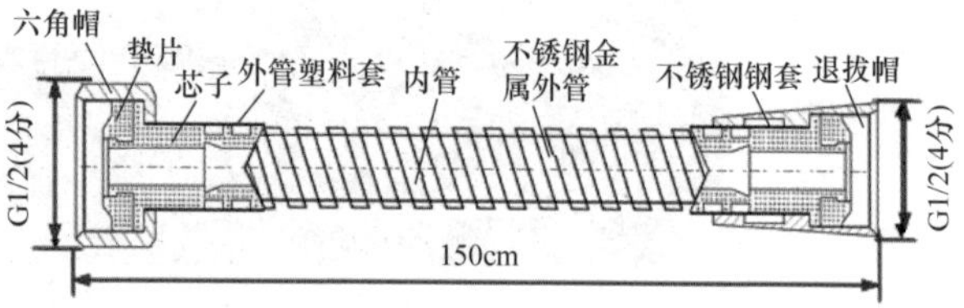 六角帽　垫片　芯子　外管塑料套　内管　不锈钢金属外管　不锈钢钢套　退拔帽　G1/2(2分)　G1/2(4分)　150cm
不锈钢丝编织管单头	长度——有的为 40~80 cm 连接口径——一般为 G1/2*M10 适用温度——有的为 -15~90℃ 工作压力——有的为 1.6MPa 爆破压力——有的为 5.0MPa 使用范围——适用于菜盆龙头等设备连接
不锈钢丝编织管双头	长度——有的为 20~200 cm 连接口径——一般为 G1/2*G1/2 适用温度——有的为 -15~90℃ 工作压力——有的为 1.6 MPa 爆破压力——有的为 5.0 MPa 使用范围——适用于自来水管道与面盆龙头、座便器等卫生设备连接
不锈钢波纹软管	长度——有的为 20 ~200 cm 连接口径——一般为 G1/2*G1/2 / G3/4*GG3/4 适用温度——有的为 -15~90℃ 工作压力——有的为 1.6 MPa 爆破压力——有的为 4.0 MPa 使用范围——适用于热水器等设备连接

（续）

名　称	解　说
不锈钢淋浴软管	长度——有的为 150 cm 外层——有的为 150 cm 内管——有的为三元乙丙橡胶 连接口径——一般为 G1/2*G1/2 适用温度——有的为 0~70℃ 工作压力——有的为 1.6 MPa 爆破压力——有的为 3.0 MPa 使用范围——适用于喷淋等水路连接
面盆水龙头进水管	面盆水龙头进水管一般采用双头软管，其用在水龙头与角阀间的连接进水管，或者用在座便器与角阀间的连接进水管，并且冷水管、热水管都采用该类型的管子。单冷龙头也可以采用，但是需要符合接口的软管
不锈钢丝编织软管编织表面判断好坏	不锈钢丝编织软管编织表面判断好坏：紧密精密一般属于质量好的，稀疏粗糙一般属于质量差的

4.19 波纹管

波纹管分为不锈钢波纹管、双头高压耐热防爆波纹管水管、塑料波纹管等。目前，家装水路所用的波纹管为不锈钢波纹管。

不锈钢波纹管可以用于高温液体、气体的传输。例如热水器的进水管、出水管，龙头的进水管等。对于水质比较差的区域，热水器的连接管可以优先选择波纹管，这样水管的使用时间会更长。

不锈钢波纹管具有耐腐蚀、耐高温、耐高压，可以适用于供热管道。一般而言，管径大也就意味着水流量也大，而不锈钢波纹管管内径比同规格不锈钢编织软管管内径要大，因此，同规格的不锈钢波纹管水流量要大一些。

不锈钢波纹管安装时必须与接头保持垂直状态（垂直式安装），反之容易导致漏水。另外，波纹管不能够多次在同一部位弯折，以免造成波纹管管壁断裂等现象。

不锈钢波纹管管身呈现凹凸不平状，只有一外管、无内管、管身较硬，但是也可以弯折一定的弧度。不锈钢波纹管两端螺帽常见规格为 4 分 /DN15，牙口内径大约为 2cm（20mm）。

不锈钢波纹管，一般为成品管，并且常包括：2 个螺母、2 个硅胶垫片、2 个盖帽（有的没有盖帽）。安装时，直接取下盖帽，拧上相对应的管道接口即可。

不锈钢波纹管图例如图 4-26 所示。

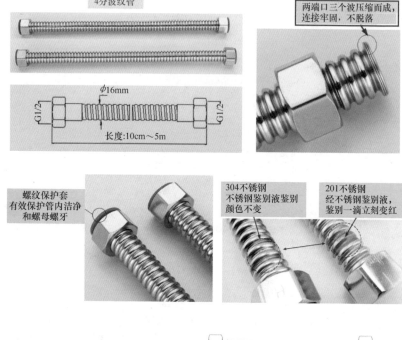

4分波纹管

两端口三个波压缩而成，
连接牢固，不脱落

ϕ16mm

G1/2

G1/2

长度：10cm～5m

螺纹保护套
有效保护管内洁净
和螺母螺牙

304不锈钢
不锈钢鉴别液鉴别
颜色不变

201不锈钢
经不锈钢鉴别液，
鉴别一滴立刻变红

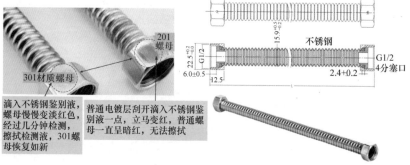

201
螺母

301材质螺母

不锈钢

G1/2

15.9$^{+0.5}_{-0.2}$

22.5$^{+0.2}_{-0.0}$

6.0±0.5

12.5

2.4+0.2

G1/2
4分塞口

滴入不锈钢鉴别液，
螺母慢慢变淡红色，
经过几分钟检测，
擦拭检测液，301螺
母恢复如新

普通电镀层刮开滴入不锈钢鉴
别液一点，立马变红，普通螺
母一直呈暗红，无法擦拭

图4-26　不锈钢波纹管图例

4.20　波纹管与编织管的比较

波纹管与不锈钢编织管的比较见表4-22。

表 4-22 波纹管与不锈钢编织管的比较

项 目	波纹管	不锈钢编织软管
部件组成	六角帽、管身、垫片、塑料套	丝、内管、钢套、芯子、垫片、螺母
各自的优势	不锈钢波纹管具有耐腐蚀、耐高温、耐高压等优点，具有安装时，必须与接头保持垂直状态、价格昂贵等缺点	内部连接管与连接部位垫片一般采用 EPDM 优质橡胶制成，具有无毒、抗老化、抗臭氧、抗侵蚀、耐寒、耐高温、耐高压、卓越的密封性、价格便宜等优点。另外，不锈钢编织管具有工艺复杂、耐高温强度比波纹管差等缺点
作用	用于高温液体、气体的传输，例如热水器的进水管、煤气的输送管、水龙头的进水管等	主要是起到进水处角阀与脸盆水龙头、厨房水龙头、立式浴缸水龙头、热水器、中央空调、座便器的连接作用，形成供水通道或排水管
制作方法与性能	管身呈现凹凸不平状，管身较硬	采用 6 股 304 不锈钢丝编制而成，整管的柔韧性比较好，防暴效果好，但是相较于波纹管，具有直径较小、水流量小等缺点

4.21 暖管

常见的水暖管如图 4-27 所示。

> 水暖管材按所用材料不同可分为：钢管、铸铁管（生铁管）、有色金属管、塑料管、混凝土管、陶管、橡胶管、玻璃钢管

图 4-27 常见的水暖管

地暖工程属于隐蔽工程，加之系统中通过 60℃ 的热水。因此，用于地暖系统的加热管比普通建筑用的塑料管有着更高的要求。常见的水暖管有 PEX 管（交联聚乙烯管）、PPR 管（三型无规共聚聚丙烯管）、PERT 管（耐高温聚乙烯管）、PB 管（聚丁烯管）、铝塑管等。这几种管材在低温地板辐射采暖系统中都有应用。其他如 CPVC、PPH、ABS、PE 等塑料管材由于性能无法满足低温地板辐射采暖系统的要求而不能应用。

目前，家装常用采暖管为 PE-RT（耐高温聚乙烯管）、PEX 管（交联聚乙烯管）。PE-RT 采暖管常见公称外径为 DN16～DN32，管系列为 S3.2、S4、S5 等。家装采暖管的应用如图 4-28 所示。

图 4-28 家装采暖管的应用

4.22 排水管

排水管主要承担雨水、污水、农田排灌等排水的任务。排水管，可以分为塑料排水管、混凝土管（CP）、钢筋混凝土管（RCP）等。

家装中常用的排水管为塑料排水管中的 PVC、PVC-U 排水管。PVC、PVC-U 管材是聚氯乙烯树脂，生产上位挤出形式的。PVC、PVC-U 排水管长度一般是 4m 一根，平口。PVC 排水管连接，可以直接连接与胶水连接。

PVC、PVC-U 排水管的规格大致分为：有 DN50、DN75、DN110、DN160、DN200、DN250、DN315、DN400 等。家装常见排水管规格如图 4-29 所示。

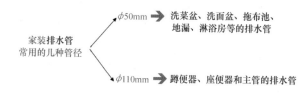

图 4-29　家装常见排水管规格

如果 PVC、PVC-U 排水管容易断，说明该 PVC 管质量差，可能是制作时候温度、配方与工艺等存在缺陷或者不足等原因造成的。选择 PVC-U 排水管的方法与注意事项如下：

1）断口

质量次的管子：断口粗糙。

质量好的管子：断口越细腻，说明管材均化性、强度、韧性越好。

2）抗冲击性

质量次的管子：抗冲击性差。锯成 200mm 长的管段（对 110mm 管），用铁锤猛击，次的管材，用人力容易一次击破。

质量好的管子：抗冲击性好。锯成 200mm 长的管段（对 110mm 管），用铁锤猛击，好的管材，用人力很难一次击破。

3）脆性与韧性

质量次的管子：试折，一折就断，说明韧性差，脆性大。

质量好的管子：韧性大的管，如果锯成窄条后，试折 180°，如果一折不断，说明韧性好。

4）颜色

质量次的管子：次档次的 PVC-U 排水管颜色雪白，或者有些发黄且较硬，或者颜色不均，外壁特别光滑内壁显得粗糙，有时有针刺或小孔等异常现象。

质量好的管子：白色 PVC-U 排水管应乳白色均匀，内外壁均比较光滑但又有点韧的感觉为好的 PVC-U 排水管。

PVC、PVC-U 排水管形成管道系统，需要一定的管件来配合完成。不同管件的特点、功能不同。一些 PVC-U 排水管管件外形与名称见表 4-23。

表 4-23 一些 PVC-U 排水管管件外形与名称

名　称	图　例	名　称	图　例
异径接头（补芯）		存　水　弯（C弯）	
大便器接口		方地漏	
止水环		圆地漏	
三通		双联斜三通（H管）	
套管接头（带口）		套管接头（直接）	
透气帽		洗衣机地漏	
消　音90°弯头		消音三通	

（续）

名　　称	图　　例	名　　称	图　　例
异径三通		雨水斗	
单承插P型存水管		存水管的应用	
45°弯头		45°弯头（带口）	
90°弯头		90°弯头（带口）	
P型弯		P型弯（带口）	
S型弯		S形存水弯（带口）	

（续）

名　称	图　例	名　称	图　例
消音双联斜三通（H管）		消音四通	
消音套管接头（带口）		消音斜三通	
消音异径接头		消音异径三通	
斜三通		斜四通	
立体四通		清扫口	
四通		瓶型三通	
预埋地漏		预埋防漏接头	
圆地漏		止水环	

PVC 排水管件优劣的判断方法见表 4-24。

表 4-24　PVC 排水管件优劣的判断方法

项　　目	劣	优
摔样品	容易摔坏	不易摔坏
脚踩样品管件边	容易裂开	不易裂开
表面	有毛刺	光洁
颜色	不均匀、有杂色	均匀

4.23　接头

水管接头原材料主要用铜、锌合金等材料压铸而成的。有的接头表面镀铬、镀锌、磨砂等特点。

水管接头主要分为直通、三通、弯头、绕曲管等类型。直通、三通、弯头等都分别有普通、内丝、外丝等种类。水管接头的一些特点如下：

直通——直通也叫直接，主要起直线连接作用。

三通——三通是将一个出水口增加为两个的管件。

四通——四通是将出水口增加到 3 个。

弯头——用于水路改向，弯头有 45°、90° 等类型。

普通形式——普通形式是指管件两端的大小、材质没有变化。

内丝——内丝也叫内牙，也就是一端有金属凹槽螺纹的。

外丝——外丝是内丝相反的。外丝也叫做外牙，也就是管材一端有金属凸缘螺纹。

一些水管接头特点如图 4-30 所示。

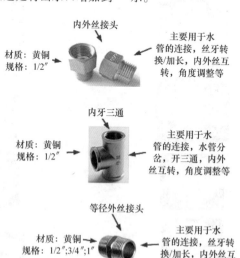

内外丝接头
材质：黄铜
规格：1/2″
主要用于水管的连接，丝牙转换/加长，内外丝互转，角度调整等

内牙三通
材质：黄铜
规格：1/2″
主要用于水管的连接，水管分岔，开三通，内外丝互转，角度调整等

等径外丝接头
材质：黄铜
规格：1/2″;3/4″;1″
主要用于水管的连接，丝牙转换/加长，内外丝互转，角度调整等

图 4-30　一些水管接头特点

水管接头规格与叫法见表 4-25。

表 4-25　水管接头规格与叫法

水管接头规格			
螺纹规格	常规叫法	规格	参考直径
1/8″	1 分	DN6	10mm
1/4″	2 分	DN8	12mm
3/8″	3 分	DN10	16mm
1/2″	4 分	DN15	20mm
3/4″	6 分	DN20	25mm
1″	1 寸	DN25	32mm
11/4″	1.2 寸	DN32	40mm
11/5″	1.5 寸	DN40	46mm
2″	2 寸	DN50	57mm

家装中，常见的铜、不锈钢水管接头名称与特点见表 4-26。

表 4-26　常见的铜、不锈钢水管接头名称与特点

名　　称	图　　例
外牙直接铝塑管卡套式外丝直接接头铜件接头	外牙直接 材质　黄铜 规格　16×1/2″；20×1/2″；20×3/4″ 安装　螺纹 用途　用于液/气体的调节和控制
全铜对丝	加厚全对丝 全铜对丝，可以分为1寸*6分对丝、6分*4分对丝、1寸对丝、6分对丝、4分对丝（加厚）、4分对丝（中体）、4分对丝（小体）等类型

（续）

名　　称	图　　例
补芯	 补芯 　　补芯，可以分为全铜补芯、不锈钢补芯、纯铜 6 分转 4 分、1 寸变 4 分补芯、1 寸变 6 分 等类型
三通	 　　三通，可以分为加厚三通、4 分内丝外丝三通、6 分内丝外丝三通 、1 寸内丝外丝三通等类型
内外丝铜直接	 　　内外丝铜直接，可以分为 4 分 30mm 长、4 分 50mm 长、6 分 50mm 长内外丝铜直接等类型
管箍	 　　管箍，可以分为 4 分、6 分 内丝、双内丝直接管箍等类型

（续）

名　　称	图　　例
不锈钢内外螺纹接头弯头	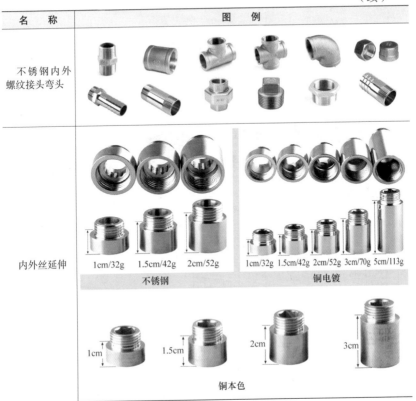
内外丝延伸	

4.24 水管密封圈垫片

水管密封圈垫片，可以分为1寸白硅胶垫片、6分白硅胶垫片、4分带网硅胶垫片、4分白硅胶垫片、6分黑橡胶垫片、4分黑橡胶垫片、4分凸型垫片、6分带网硅胶垫片等类型。

一些垫片的规格特点如下：

4分垫片规格——外径19mm、内径10mm、厚度3mm。

6分垫片规格——外径24mm、内径16mm、厚度3mm。

1寸垫片规格——外径31mm、内径21mm、厚度3mm。

硅橡胶垫片是一种由氧、硅交联成的聚合物制成的合成弹性体。硅橡胶垫片平衡了机械性质、化学性质，能够满足许多苛刻的应用场合的要求。硅橡胶耐高低温性能优异，工作温度范围为-100～350℃，以及耐油、耐溶剂、耐辐射、热稳定性、柔软性、回弹性、电绝缘性、耐候性、耐臭氧性、透气性、半透明度、撕裂强度，优良散热性等特性。

水管密封圈垫片还有其他类型的密封圈垫片。有的场合，有了密封圈垫片，则可以不再需要采用生料带。

手持花洒密封圈垫片的应用如图4-31所示。

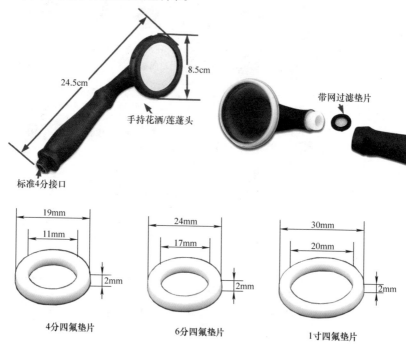

图 4-31　手持花洒密封圈垫片的应用

4.25　水龙头

水龙头就是水嘴、水阀，其是用来控制水流大小的开关，具有节水、控制的功效。水龙头的更新换代速度非常快，从老式铸铁工艺发展到电镀旋钮式的，又发展到不锈钢单温单控水龙头、不锈钢双温双控龙头、厨房半自动龙头等类型。

现在，选购水龙头，一般会从材质、功能、造型等多方面来综合考虑。水龙头的分类见表4-27。

表 4-27　水龙头的分类

依　据	分　类
材料	SUS304 不锈钢水龙头、铸铁水龙头、全塑水龙头、黄铜水龙头、锌合金水龙头、高分子复合材料水龙头等
功能	面盆水龙头、浴缸水龙头、淋浴水龙头、厨房水槽水龙头、电热水龙头等

（续）

依 据	分 类
结构	单联式水龙头、双联式水龙头、三联式水龙头、单手柄水龙头、双手柄水龙头等。 单联式水龙头——可接冷水管或热水管。 双联式水龙头——可同时接冷热两根管道，多用于浴室面盆、有热水供应的厨房洗菜盆的水龙头。 三联式水龙头——除接冷热水两根管道外，还可以接淋浴喷头，主要用于浴缸的水龙头。 单手柄水龙头——通过一个手柄即可调节冷热水的温度。 双手柄水龙头——需分别调节冷水管、热水管来调节水温
开启方式	螺旋式水龙头、扳手式水龙头、抬启式水龙头、感应式水龙头等。 螺旋式手柄打开时——要旋转很多圈。 扳手式手柄——一般只需旋转90°。 抬启式手柄——只需往上一抬即可出水。 感应式水龙头——只要把手伸到水龙头下，便会自动出水
阀芯	橡胶芯（慢开阀芯）、陶瓷阀芯（快开阀芯）、不锈钢阀芯等。影响水龙头质量最关键的就是阀芯。 使用橡胶芯的水龙头多为螺旋式开启的铸铁水龙头——基本被淘汰。 陶瓷阀芯水龙头——质量较好，比较普遍。 不锈钢阀芯——更适合水质差的地区

一些水龙头外形与尺寸如图4-32所示。

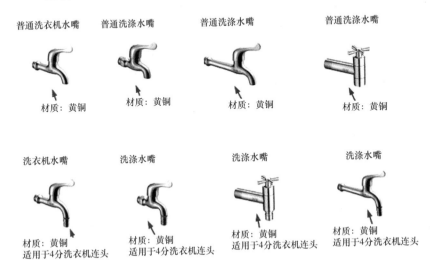

图4-32 一些水龙头外形与尺寸

普通洗涤水嘴

材质：黄铜
适用于4分洗
衣机接头

洗衣机水嘴

材质：黄铜
适用于4分洗
衣机接头

普通洗涤水嘴

材质：黄铜
配过滤网起泡器

洗衣机水嘴

材质：黄铜
适用于4分/6分洗衣
机接头，可适用于
滚筒洗衣机

快开洗衣机龙头
尺寸 80mm×20mm×95mm

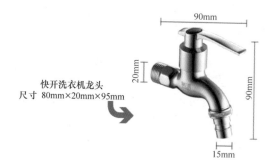

快开龙头
尺寸 83mm×20mm×85mm

龙头类型：洗衣机龙头
水流：0.1MPa，不小于
0.33L/s，不大于0.15L/s
出水方式：Q-自动限流
起泡型
安装孔径：2.0～2.2cm
适合合盆：拖把池、水
池、洗衣机等
使用温度：小于90℃

鱼尾洗衣机/网嘴小龙头   洗衣机/网嘴小龙头   加长洗衣机/网嘴小龙头

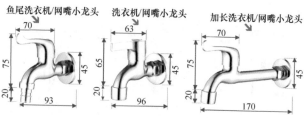

图 4-32 一些水龙头外形与尺寸（续）（单位：mm）

选择水龙头的方法见表4-28。

表4-28　选择水龙头的方法

项　目	解　说
把手	复合型水龙头使用简单，因为在使用水槽时，通常只有一只手是空的
看亮度	水龙头好坏看其光亮程度，表面越光滑越亮，则表示质量越好
识标记	质量好的水龙头——选择正规商品 质次的水龙头——仅粘贴一些纸质的标签，甚至无任何标记
听声音	质量好的水龙头——整体浇铸，敲打起来声音沉闷 劣质、质量次档的水龙头——敲打起来声音很脆
旋转角度	如果能够旋转180°，则使工作变得方便。如果能够旋转360°，则仅仅对一个放在房子中央的水槽有意义
重量	质次的水龙头——水龙头轻，主要是厂家为了降低成本，掏空内部的铜
转把柄	质量好的水龙头——转动把手时，龙头与开关间没有过度的间隙，而且关开轻松无阻，不打滑 劣质水龙头——转动把手时，龙头与开关间隙大，受阻感也大
配件	看配件质量，例如座立式抬启式厨房龙头固定螺母的选择如下： 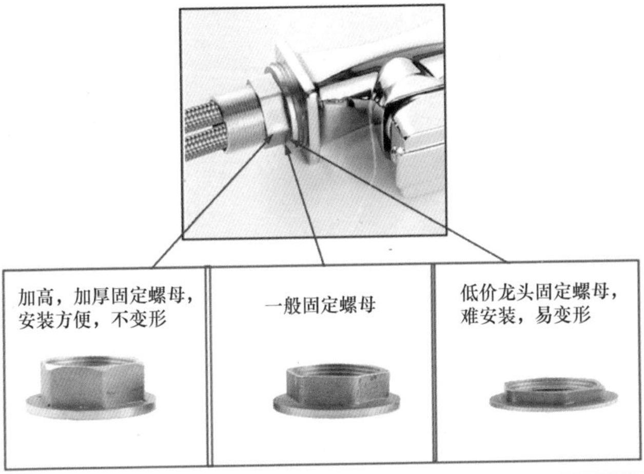 加高，加厚固定螺母，安装方便，不变形　　一般固定螺母　　低价龙头固定螺母，难安装，易变形

购买单把手面盆水龙头时，需要注意去水口的直径。市场上大部分属于硬管进水。为此，选择龙头时，需要看预留上水口的高度。一般从台盆向下35cm为合适。

安装面盆龙头时，一定要还需要选配专用角阀，并且角阀一定要与墙出水的冷热水管固定。如果角阀与龙头上水管间有距离，则可以选择专用加长管来连接。加长管连接时，不要硬弯曲到90°或大于90°。安装面盆去水时，可能还需要应用龙头的小接口(龙头短接)。

一些面盆水龙头的外形与尺寸如图4-33所示。

单孔面盆龙头

高身单孔面盆龙头

单孔菜盆龙头

单孔妇洗器龙头

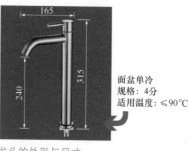

面盆单冷
规格：4分
适用温度：≤90℃

面盆单冷
规格：4分
适用温度：≤90℃

图 4-33 一些面盆水龙头的外形与尺寸

单控厨房水龙头的安装方法与注意事项如下：

1）安装前，需要彻底冲洗水管，以清除管道中的杂质。

2）安装在新的洗涤盆上，则可以将水龙头先装到洗涤盆上。

3）单孔厨房龙头安装需要稳固，因为厨房龙头使用频率较高。

4）安装前，检查配件是否齐全。一般配件有：全套固定螺栓、固定铜片、垫片、全套面盆提拉去水器、两根进水管。

5）安装前，可以把水龙头上下、左右扳动手柄，感觉开合轻盈自如，以及稍带有均匀柔和的阻滞感，说明龙头是好的。

6）安装前，检查水龙头电镀表面，如果光亮、没有气泡、没有斑点、没有划痕，说明使用的龙头是好的。

水槽水龙头内部结构是铜的，则可能产生铜锈、含铅。因此，需要选择无铅水槽水龙头。冷热水龙头的热不是指充电加热，而是安装的时候热软管连接热水器直接使用。一些水槽水龙头的外形与尺寸如图 4-34 所示。

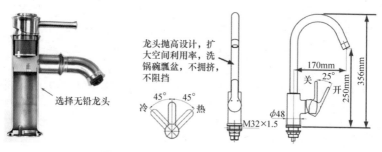

选择无铅龙头

龙头抛高设计，扩大空间利用率，洗锅碗瓢盆，不拥挤，不阻挡

冷 45° 45° 热

M32×1.5 φ48

关 25° 开

170mm

356mm

250mm

图 4-34 一些水槽水龙头的外形与尺寸

接管螺纹 进水管G1/2
使用压力 0.05～0.75Pa
孔径 34～35
软管长度 50cm

接管螺纹 进水管G1/2
使用压力 0.05～0.75Pa
孔径 34～35
软管长度 50cm

接管螺纹 进水管G1/2
使用压力 0.05～0.75Pa
孔径 34～35
软管长度 65cm

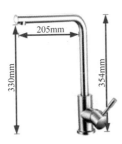

接管螺纹 进水管G1/2
使用压力 0.05～0.75Pa
孔径 34～35
软管长度 50cm

接管螺纹 进水管G1/2
使用压力 0.05～0.75Pa
孔径 34～35
软管长度 50cm

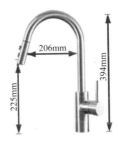

接管螺纹 进水管G1/2
使用压力 0.05～0.75Pa
孔径 34～35
软管长度 50cm

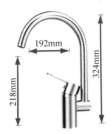

接管螺纹 进水管G1/2
使用压力 0.05～0.75Pa
孔径 34～35
软管长度 50cm

接管螺纹 进水管G1/2
使用压力 0.05～0.75Pa
孔径 34～35
软管长度 65cm

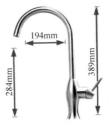

接管螺纹 进水管G1/2
使用压力 0.05～0.75Pa
孔径 34～35
软管长度 50cm

图 4-34　一些水槽水龙头的外形与尺寸（续）

 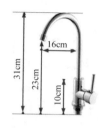 

图 4-34　一些水槽水龙头的外形与尺寸（续）

水龙头常见的接口、起泡器外形与尺寸如图 4-35 所示。

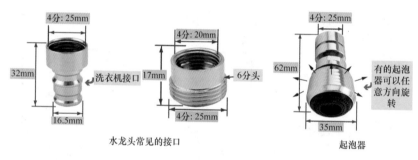

图 4-35　水龙头常见的接口、起泡器外形与尺寸

4.26　淋浴花洒水龙头

　　淋浴花洒龙头，是自来水管的放水活门，通过旋转装置，可以打开或关闭控制冷热水流量的一种卫浴装置。

　　花洒的种类有手提式花洒、头顶花洒、体位花洒等。入墙式淋浴花洒水龙头公称压力一般为 1.0MPa。

　　选择花洒的方法见表 4-29。

表 4-29　选择花洒的方法

项　　目	解　　说
花洒的喷射效果	良好的花洒——喷射水流均匀有力的
花洒的喷射方式	良好的花洒——具备 3~5 种按摩出水方式
花洒的镀铬工艺	良好的花洒——镀层表面会散发出明亮如镜的般的光泽
花洒的节水性	良好的花洒——节水
花洒的阀芯	良好的花洒——陶瓷合金制造，阀芯表面如镜子般光滑，能够精确地控制水温、水流

　　入墙式固定支座单花洒浴缸单把双控水龙头的外形如图4-36所示。冷、热水供水管勿装反。一般情况下，面对龙头左边为热水供水管，右边为冷水供水管。有特殊标识除外。

　　花洒水龙头常见配件、附件有花洒喷头、花洒软管、装修盖、曲脚等。一些配件、附件的外形、特点见表4-30。

图 4-36　入墙式花洒水龙头

表 4-30　一些配件、附件的外形、特点

名　　称	外形、特点
装修盖	装饰盖
花洒软管	花洒软管有 1.5m、2m、3m 长等类型。花洒软管分为普通花洒软管、加密花洒软管等 普通管　　加密管 密封垫　　加厚最镀铜螺母　　加厚铜芯子
花洒喷头	出水效果 花洒脉冲　雨淋花洒　喷雾雾化　脉冲按摩　花洒喷雾

（续）

名　称	外形、特点
曲脚	 曲角 变径曲脚  以龙头中心距离 150mm 为基准，则最小调节距离为 130mm，最大调节距离为 170mm  以龙头中心距离 150mm 为基准，则最小调节距离为 130mm，最大调节距离为 170mm  以龙头中心距离 150mm 为基准，则最小调节距离为 130mm，最大调节距离为 170mm

（续）

名　　称	外形、特点
曲脚	 以龙头中心距离150mm为基准，则最小调节距离为98mm，最大调节距离为200mm  以龙头中心距离150mm为基准，则最小调节距离为80mm，最大调节距离为220mm  以龙头中心距离150mm为基准，则最小调节距离为105mm，最大调节距离为200mm 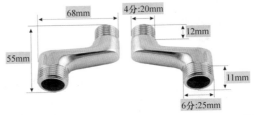 以龙头中心距离150mm为基准，则最小调节距离为65mm，最大调节距离为235mm

4.27 太阳能混水阀

太阳能混水阀颜色有黄色手柄混水阀、镂空手柄混水阀等。太阳能混水阀有有带止回功能、不带止回功能的等类型。

太阳能热水器明装单手柄混水阀、淋浴花洒如图4-37所示。

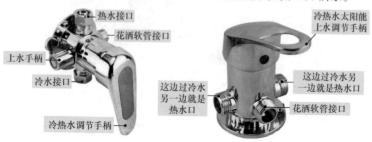

热水接口
花洒软管接口
上水手柄
冷水接口
冷热水调节手柄
冷热水太阳能上水调节手柄
这边过冷水另一边就是热水口
这边过冷水另一边就是热水口
花洒软管接口

图4-37 太阳能热水器明装单手柄混水阀

4.28 阀门

阀门就是流体管路的控制装置。阀门的基本功能就是接通、切断管路介质的流通，改变介质的流通、流向以及调节介质的压力、流量，从而保护管路、设备的正常运行。驱动阀门就是借助手动、液动、电动、气动来操纵动作的一种阀门。驱动阀门包括闸阀、蝶阀、球阀、截止阀、节流阀、旋塞阀等种类。

给水管网阀门的选择方法如下：

1）管径小于或等于50mm时，应选择截止阀。

2）管径大于50mm时，应选择闸阀或蝶阀。

3）不经常启闭而又需快速启闭的阀门，应选择快开阀门。

4）双向流动管段上，应选择闸阀或蝶阀。

5）经常启闭的管段上，应选择截止阀。

6）两条或两条以上引入管且在室内连通时的每条引入管应装设止回阀。

7）卫生级阀门的连接方式有焊接式阀门、快装式阀门、法兰式阀门等。焊接式阀门常见的规格有$\phi 19$、$\phi 25$、$\phi 32$、$\phi 38$、$\phi 45$等。

一些阀门外形如图4-38所示。

DN是流量通径的意思。通常球阀和丝扣配件都是称作DN的
焊接蝶阀
不锈钢闸阀

图4-38 一些阀门外形

钥匙阀门的钥匙并不是通用的，每个厂生产的阀都是有差别的。有三角的、圆形的、十字扳手钥匙等。一些钥匙阀门外形如图 4-39 所示。

图 4-39　一些钥匙阀门外形

4.29　一些设备与设施

一些设备与设施的特点与选择见表 4-31。

表 4-31　一些设备与设施的特点与选择

名　称	特点与选择
座便器	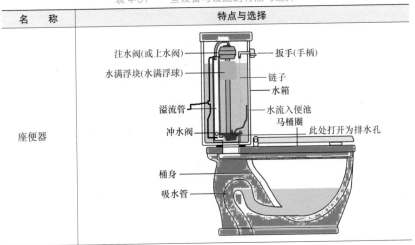

（续）

名　称	特点与选择

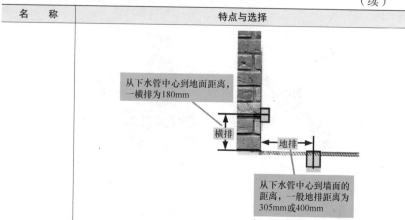

从下水管中心到地面距离，一横排为180mm

横排　地排

从下水管中心到墙面的距离，一般地排距离为305mm或400mm

座便器的种类：分体式座便器、连体式座便器、挂墙式座便器等，需要根据不同的空间、水路的位置来进行选择

座便器一般分为横排、地排两种出水。横排只能够安装直冲座便器，地排可以选择直冲或虹吸座便器，具体看管道结构而选择。横排的坑距一般是180mm，地排的坑距有200mm、305mm、400mm、580mm等多种

座便器

斜冲式分体马桶
700mm×440mm×740mm

700　440
740　375
300

（单位：mm）

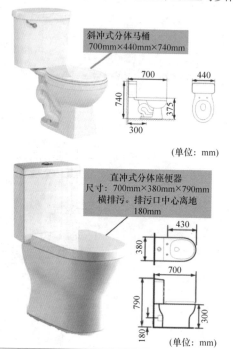

直冲式分体座便器
尺寸：700mm×380mm×790mm
横排污。排污口中心离地180mm

430　380
700
790　300
180

（单位：mm）

（续）

名　　称	特点与选择

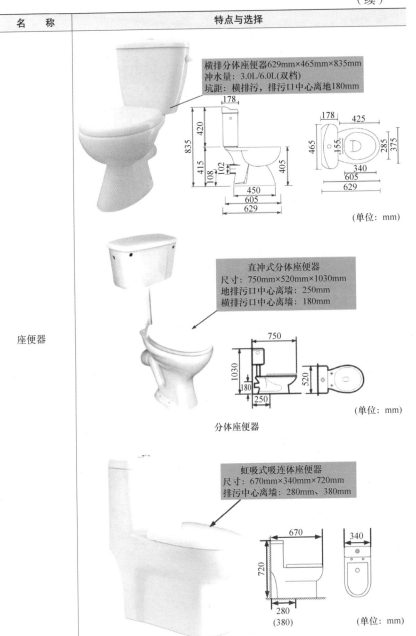

横排分体座便器629mm×465mm×835mm
冲水量：3.0L/6.0L(双档)
坑距：横排污，排污口中心离地180mm

（单位：mm）

座便器

直冲式分体座便器
尺寸：750mm×520mm×1030mm
地排污口中心离墙：250mm
横排污口中心离墙：180mm

（单位：mm）

分体座便器

虹吸式吸连体座便器
尺寸：670mm×340mm×720mm
排污中心离墙：280mm、380mm

（单位：mm）

（续）

名　　称	特点与选择

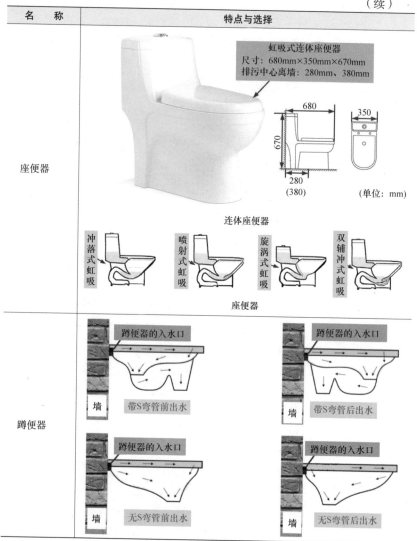

座便器

虹吸式连体座便器
尺寸：680mm×350mm×670mm
排污中心离墙：280mm、380mm

680

350

670

280
(380)

（单位：mm）

连体座便器

冲落式虹吸　喷射式虹吸　旋涡式虹吸　双辅冲式虹吸

座便器

蹲便器

蹲便器的入水口　　　　　蹲便器的入水口

墙　带S弯管前出水　　　墙　带S弯管后出水

蹲便器的入水口　　　　　蹲便器的入水口

墙　无S弯管前出水　　　墙　无S弯管后出水